毎日、砂浜を散歩している。
しかし大吉と福助は、
海にはまったく興味がないらしい。

恵比寿屋
海産物
海産物

彼らが言葉を話せたとして、
「海と山、どっちが好き?」と聞いたら、
「山!」と即答すると思う。
話さなくても分かる。

彼らがいるおかげで、
日々散歩していい運動になる。
雨の日も風の日も、台風直撃でも。

MARINE BOX 100
Hobie

大吉と福助がわが家に来る
少し昔のアルバムから。
二〇〇九年の秋、
七歳半で突然いなくなった富士丸。
あいつとは、たくさん遊びに行った。
本当にいい奴だった。

大吉

（2011年8月17日生まれ・オス）

茨城県で放し飼いの白い雑種犬（父）と、近所の茶色い雑種犬（母）の間に生まれる。幼い頃から物分かりの良い優等生タイプだが、興味のないことには露骨に無関心。大型犬にも怯むことはないのに、なぜか花火と雷が大の苦手。

福助

（推定/2014年1月11日生・オス）

千葉県で放浪しているところを保護されたため、生い立ちは不明。当初はトラウマを抱えていたが、その後破壊王を経て、性格も体つきも丸くなる。毎晩ビールを開けるとオヤツを要求してくるが、そのときが一日で一番嬉しそうな顔をする。

富士丸

（2002年2月22日生まれ・オス）

あるブリーダーのところでハスキーとコリーの間に生まれた雑種犬。売り物にならないからと里親募集サイトに出ていたときに出会う。大好きなものは雪。2009年7歳半で原因不明の急逝。猫の日生まれの大型犬で、生きた日数も7年と222日。

犬の笑顔が見たいから

穴澤賢

はじめに

二〇〇二年から私は「富士丸」という犬と暮らしていた。『いつでも里親募集中』というサイトで出会ったハスキーとコリーのミックス犬で、透き通るような淡い水色の目をした、やたら暑がりな奴だった。三〇キロもある彼と1DKの狭いマンションで「ひとりと一匹」が同居する中、犬と暮らすことの喜びや楽しみを知った。その後、なぜかフリーライターになり、犬関連の書籍を何冊か出したり、犬以外にも好きな音楽の連載を持つようになっていく。

そして、彼が七歳半のときに突然の別れを経験し、あまりの悲しみから立ち直れず「もう犬を飼うことはないだろう」と思っていた。

なのになぜか、今は「大吉」と「福助」という二頭の犬と暮らしている。どちらも雑種の中型犬だ。血の繋がりはないが、本当の兄弟のようだ。先に迎えた大吉は優等生タイプだが、後から来た福助は問題児の破壊王で、さんざん手を焼かされた。

再び犬と暮らすことで、どん底にいた私に驚くほど心境の変化があった。

そのあたりのいきさつは二〇一六年に出版した前巻『また、犬と暮らして。』にも書いたが、簡単に言えば犬がそばにいる生活はやっぱりいい。そのことを実感した。もちろん楽しいことばかりではないが、苦労や悩みも含めて暮らしに張りが出た。そこには、富士丸との暮らしの中で学んだことも生かされている気がする。

犬というのは変な奴らで、彼らが楽しそうな顔をしていると、こちらまで嬉しくなる。だから自然と犬を中心に考えて生活するようになる。かといって、彼らは多くを望まない。飼い主と一緒にいることが願いのようだ。気がつけば、自分もそう思うようになっている。犬にはそんな力があるらしい。

本書は『いぬのきもち WEB MAGAZINE』で連載している「犬のはなし」から抜粋し、大幅に加筆修正したものになっている。

前巻を出してから三年経つが、その間に「ある計画」を立て、実行することになった。本書ではそのあたりの詳しい話や、私が犬たちとどんな風に暮らしているのかが綴られている。時系列はほぼそのままだし、この本から読んでもこれまでの経緯が分かるようにまとめてみた。そして、実は大事件もあった。私がこの本を書いていること自体が奇跡だという友人がいるくらいの――。

犬と暮らす人や、これから犬を迎えようと思っている人にとって、何かの参考になれば幸いです。

第二部　予想外の危機

第一部
夢の実現へ

自分はどこを目指すのか

同年代の友人と酒を飲んでいるとき、「目標を立てた方がいい」と言われた。友人は若い頃に「将来こうなりたい」と目標を立て、それを達成するために頑張ってきたのだという。「そうは言っても思った通りにならないのが人生じゃん」と反論すると、「たしかにそうだけど、目標があれば多少遠回りしてもそこに近づくために頑張れる」と言うのだ。彼は私なんかより遥かに稼いでいるし、十分成功しているように見えるのだが、まだ道半ばらしい。そうなのか。そこで考えてみる。私の目標とはなんなのだろう。

これまで無計画に成り行きまかせで生きてきた私には耳の痛い話だが、別に無気力なわけではない。一応は考えて行動しているつもりだ。しかしそれは目先の話であって目標というわけでもない。そういう意味では、なんの計画性もないに等しい。それこそ「思い通りにはならない」と考えてしまうからだ。

けれど目標はあった方がいいのか。そういえば、若い頃にお世話になった人からも同じようなことを言われたことがあるのを思い出した。

二〇一六年六月で四五歳になったことだし、そろそろ目標を立てた方が、いいのかもしれない。遅すぎる気もするが。

私は、いったいどうなりたいのだろうか。

大金持ちで何不自由なく裕福な暮らしがしたいが、そういう宝くじが当たる的な夢物語ではなく、頑張れば達成できるかもしれない具体的な目標と考えると、なかなか思いつかないものだ。

そもそも大金持ちになったとして、何がしたいのか。都心の高層マンションや高級住宅街に住みたいとは思わないし、高級車にも興味がない。ブランド物の服、高い腕時計といったセレブ的なものにはまったく憧れを抱かない。では何が欲しいのか。せいぜいビンテージギターくらいか。何だかせこい——。でもそんなものしか思い浮かばない。

なら生活スタイルはどうだろう。

それはもう、犬たちとなるべく一緒にいたい。できれば自然の多いところがいい。今暮らしている神奈川県鎌倉市腰越《こしごえ》は江ノ島のすぐ近くなのに、大吉と福助は海に興味がないようだから、できれば山に別荘を持ちたい。横須賀市にある「SYOKU-YABO《ショクヤボ》農園」というお店へ行くと嬉しそうな顔をするからだ。そこは里山の中にひっそりとあり、主に自分たちの畑で採れた野菜で料理を作っている。他のお客さんがいないときは、敷地内はノーリードで走れたりする。そこでいつも大福は顔を輝かせて弾けるように駆け回っている。

山は好きらしい。だからよく行くようになった。

別荘といっても山小屋レベルでいい。狭くてもいいからドッグランがあるとなお嬉しい。なるべく標高が高い山の麓で、夏涼しいところにドッグラン付きの山小屋があって、週末にそこへ行って彼らと思い切り遊べたら、どんなにいいだろう。

人生の目標という大きなものではないが、当面の目途にはなる。まとめると「たまには山の麓で犬たちと暮らしたい」ということになる。

ん？　それは昔、夢見たことがある気がする。いや、たしかにそれを目指していたことがある。

かつて中止になったある企画

フリーライターになったのは、三七歳のときだった。かなり遅いと思うが、ライターを目指していたわけでも、フリーになりたかったわけでもない。

二〇代は音楽業界で生きることを夢見て、バンドに明け暮れていた。二八歳で大阪から上京したのも、関西では駄目でも東京では何とかなるのではないかという甘い考えからだった。結局、インディーズレーベルからＣＤを一枚出しただけで鳴かず飛ばずだった。そして、三〇歳で挫折した。

それまでも音楽で食っていたわけではなく、バンド活動を中心に考えて転職を繰り返していた。だからやりたい仕事もない。打ち込む趣味もない。挫折は暇なんだと、そのとき知った。

そんなとき、派遣社員をしながら細々と暮らしていると、知り合いのデザイン事務所の社長から、今度雑誌をまるごと受ける仕事が入ったからライター見習いで手伝わないかと誘われた。私が書いていたバンドのホームページの日記を見て声をかけてくれたらしく、その会社に入った。そこでは外部ライターへの発注から編集、カメラマンの手配、取材への同行などやる気満々で頑張ったが、雑誌は売れ行きが悪く、半年も経たないうちにあっさり廃刊になってしまった。

またやることがなくなったが、その社長は私をクビにはしなかった。しかしデザイナーではない私にやることはなく、ただ出社して時間を潰すだけだった。

仕方がないから、文章の練習のために「富士丸な日々」というブログを始めた。犬のブログにしたのは、毎回あれこれテーマを考えなくていいだろうと思ったからだ。

ところがそのブログが話題になり、いくつか出版社からオファーがあり二〇〇六年にはブログ本を出版することになる。そんなもので食っていけるほど甘くないのは知っていたから、知り合った出版社に自分を売り込んで、書いたこともなかったのにエッセイも書けると言って『ひとりと一匹』(小学館文庫)を出したりした。その後、連載を少しずつ抱えるようになり、何冊か本も出した。

その当時、原稿料はすべてデザイン事務所に入れて給料をもらっていたが、デザインのできない私がその会社にいても先がない。そこで社長にこれまでの御礼を言い、合意のうえ退社した。フリーでやっていく自信があったわけではない。ようするに、成り行きだ。

渋谷区初台の1DKの賃貸マンションで、何とか食っていけるくらいの仕事をこなしながら富士丸と肩を寄せ合うようにして暮らしていた。

あいつとはよく旅行した。ハスキーとコリーのミックスだった富士丸はやたら暑がりで、山へ行くと少し涼しかったこともある。山が好きで、行くといつも顔つきが変わっていた。あれはたしか戸隠に行ったときだった。

長野県で出版記念のイベントがあり、その夜は戸隠の宿に泊まることになっていた。周囲に何もない山の中の宿で、夕食の後に富士丸とあたりを散歩した。少し開けた場所で何気なく見上げて、息を呑んだ。空一面に見たことのない無数の星が広がっていたからだ。「何だこれは」としばらく呆然と眺めていた。なぜかそのときに「いつかこいつと山で暮らせたら」と強く思ったのだ。

ちょうどその頃、あるハウスメーカーとの企画が持ち上がる。『山の麓で犬と暮らしたい』というタイトルで、私がそれを実践していくようすを連載するというものだった。企画ではあるが、その家は自分のものになる。当然費用は自分で出さなくてはならない。多少の値引きはしてくれるかもしれないが、住宅ローンだって組まないといけない。それだけの覚悟をしてやることにした。それからは土地探しからローンの申請までひたすら奮闘する日々が続き、計画が少しずつ具体的になっていった。

そんなある日の夜、数時間家を空けて帰宅すると、富士丸が私の仕事机の下で倒れていた。おかしなところで寝ているなと思ったが、呼んでも起きない。顔を覗き込むと目はどこも見ておらず、息もしていなかった。わけが分からなかった。健康診断でも異常はなかったし、夕方まで元気だったのに。七歳半の突然死。目の前で起きていることがまったく信じられなかった。ようやく山に土地が見つかって、明日契約するという前日の夜に。二〇〇九年一〇月一日のことだった。

その後、私は見事に壊れてしまった。時間の感覚が曖昧《あいまい》になり、食欲も一切なくなった。犬関連の原稿の仕事はなくなり、連載もすべて終わった。精神的にも谷底に落ちたまま何もやる気が起こらない。やるべき仕事もなく、ただ家にいるだけの日が続いた。

翌年に『またね、富士丸。』（世界文化社）という本を出したが、それは自ら動いたのではなく、ライターの大先輩である野々山義高さんが出版社と話を決めてきて「いいから書け」と言われたのだ。だから逆らえず、涙を流しながら書いた。後になってから、現実に向き合わせるためにそうしたと野々山さんから聞いた。そのことには今も感謝している。

それからは暮らしていくために、健康雑誌や無署名の原稿を書いたりしていた。

そして二〇一一年一一月、ひょんなことから大吉を迎え、また犬との暮らしが始まった。同じ頃に結婚もした。

そこから足立区扇大橋に引っ越して福助を迎え、さらに二〇一四年には鎌倉市腰越に引っ越した。

そして気がつけば、また山の麓で犬と暮らしたいと思うようになっている。またここに戻ってきたのか。

大吉のおかげ？

富士丸との突然の別れから、二年ほど経った頃だった。

何気なく眺めていた『いつでも里親募集中』というサイトで、なぜか気になる白い仔犬を見つけた。また犬を飼いたいと思っていたわけではなく、ただ犬が好きで眺めていただけだった。それなのに、妙に気になり翌日にもまた確認してしまう。そんなことは初めてだった。そこで連絡してしまったのがいけなかった。

当初の予定ではお見合いの後、一時預かりの人が届けてくれるはずだったが、前日になって交通事故で車を修理に出すことになったため、お見合い当日に連れて帰るかどうするか決めてくださいと連絡があったのだ。ゆっくり考えようと思っていたから、すごく焦り、待ち合わせ場所の「霞ヶ浦ふれあいランド」に向かう途中、吐きそうになりながら運転したのを覚えている。出会った仔犬はたしかに可愛いが、その場でまた犬と暮らすのか、止めておくのかなかなか決断できない。それでも結局最後は「断るのは悪いかな」という理由で連れて帰ることにした。それが二〇一一年一一月のことだ。

大吉は生後二カ月ほどだったが、初めて家に連れて帰ったときから警戒心のかけらもなく、いきなりコテンと寝ていた。その寝顔を見て、吐きそうになるほど悩んだのは何だったのだろうと馬鹿馬鹿しく思えた。悪さもほとんどせず、トイレもすぐに覚え、生後五カ月くらいから留守番させるときのサークルが必要なくなった。

幼い犬特有のやんちゃさはあったが、留守の間にティッシュを全部引っ張り出すくらい。富士丸で大型犬の幼少期を経験している私からすれば「その程度か」というものだった。かなりの優等生だったと思う。

仔犬時代の大吉はとにかく可愛かった。親馬鹿だが、整った顔つきで、しぐさも何もかもが愛おしく感じた。富士丸の死から触れなくなっていた一眼レフに再び手を伸ばしたのも、大吉の姿を写真に残しておきたいと思ったからだ。

大吉が来てからの心の変化は相当なものだった。

それまでも普通に生活していたし、少しは笑えるようにはなっていた。しかし自分の中では何となくつまらない世界で暮らしているような気がしていた。生きていて楽しいと感じないのだ。心の底から笑うこともない。何が足りないのかは知っていたし、それが永遠に手に入らないことも分かっていた。だからただなんとなく生きていた。

後になって、その頃は目に映る世界がモノクロームだったことが分かった。けれど、当時は自覚がなかった。大吉がそばにいることによって、目の前の世界がみるみる彩りを取

わが家に来た頃の大吉。
この姿を残しておきたいと、久しぶりに一眼レフに触った。

り戻したため、後になって色がなかったことに気づいたような感覚だ。

毎日散歩に行かなくてはならないこと、ゴハンを作ってあげないといけないこと、遊び相手をしてやること、手触りがモフモフしていて温かいこと、それらすべてに「あぁ、犬ってこうだった」という感覚が蘇る。それと共に生活に張りが出る。大吉が楽しそうにしていると、こっちまで嬉しくなる。なぜか仕事へのやる気も湧いてくる。

目標や夢もあるし、まだまだやりたいこともある。大吉を迎える前は、そんなものは何もなかった。

今は腰越という江ノ島に近い街に暮らしている。腰越は江ノ電が路面電車のように道路を走る唯一の街で、海のすぐ近くだ。鎌倉駅や江ノ島周辺は観光客でいつも賑わっているが、腰越は特に観光名所はなく、人も少なく、昭和の下町の雰囲気が残っている。スーパーもあるから暮らしやすい。けれども、大吉と暮らしていなければ移り住んでいなかっただろう。

大吉を迎えた頃、私は渋谷区初台というところで暮らしていた。

当時、仕事を通じて腰越からほど近い七里ヶ浜に住む後藤さんと知り合った。お互い犬好き酒好きで後藤さんも犬と暮らしていたこともあり、七里ヶ浜のお宅へ招いてもらった。

それから少し経った頃、一〇年来の友人である平井くんが都内の会社を辞めて腰越に引っ越した。そこで挨拶がてら、平井邸に遊びに行くことになる。私も結婚していたから、妻と大吉を連れて車で向かった。

それで平井くんと腰越を歩いていると、車で通りかかった後藤さんに遭遇し、急遽みんなでバーベキューをすることになった。

それがきっかけで後藤さんと平井くんは仲良くなり、月に一度くらいの頻度で腰越か七里ヶ浜を訪れてみんなで宴会して泊めてもらうようになった。その度に都内に比べると時間がゆったりと流れているように感じた。たまに訪れるからそう感じるのかと思ったが、後藤さんの奥さんに聞くと「住んでもゆったりしてるよ」と言う。だから都内に帰る度に、またあの喧騒に戻るのかと憂鬱になったものだ。私はフリーライターだからどこでも仕事はできるが、都内に勤める嫁は無理だろうと諦めていた。ところが、妻の方から鎌倉方面に住みたいと言い出した。

そこから物件探しを始め、約一年後の二〇一四年八月に腰越に移り住むことになった。きっとあの日、平井邸に遊びに行かず、後藤さんに偶然会わなかったら、こうはなっていなかった。後で気がついたのだが、あれは八月一七日、つまり大吉の誕生日だった。単なる偶然だとは思うが。

都内で暮らしている頃は、将来腰越で暮らすようになるとは想像したこともなかった。彼を迎えていなければ移住したいという意欲も湧いてこなかっただろう。犬には人の生き方にも影響を与える力があるのかもしれない。

福助の見る夢

毎日そばにいるので分からないが、アルバムで過去の写真を見ると、月日と共に彼らの顔つきや表情が少しずつ変わっていることに気づく。いや、福助は幼少期と今では、別の犬ではないかと思うほど違う。

わが家に来た日の福助の写真があった。あれはたしか二〇一四年五月のことだった。

恐らく野良犬が産んでその後はぐれたのか、千葉県内をうろついている仔犬が一匹、動物愛護センターの職員さんによって捕獲された。そのときの恐怖体験からか、仔犬は誰にも懐かず職員を噛むこともあったという。その後、動物保護団体が引き受け、一時預かりの人が載せた『いつでも里親募集中』でその仔犬を見つけた。そこには怯えた表情で縮こまる姿が写っていた。そして連絡した結果、まずトライアルとして、わが家に来ることになった。その時、生後五カ月くらいだった。

一時預かりの人から、トラウマを抱えているようで、いきなり抱き上げようとすると噛むとは聞いていた。その言葉通り、うちに初めて来たときは人間を恐れ、常に不安そうな目をしていた。抱き上げようとすると「ウゥ」と唸る。いくら手を差し伸べても、自分から近づいてくることはなかった。けれどなぜか大吉にはすぐ心を許したようで、いつも後を付いて歩くようになった。

その後、わが家に少しずつ慣れ始めた頃の写真もあった。当時は気がつかなかったが、足だけ伸びた成長期特有のバランスの悪さがあり、不細工でちょっと笑ってしまった。

そんな写真を見ていると、本気で噛んでくる犬にどう接していいのか悩んだことや、その後の破壊活動に手を焼かされたこと、トイレをなかなか覚えてくれず、毎回右スピーカーの前でオシッコしてくれたこと。そんなことが遠い昔のように感じる。

現在の福助は、当時の不安そうな面影はまったくなく、呑気な表情になっている。呼んだら来るし、呼んでもいないのに飛びついてきたりする。顔を近づければ、ペロンと舐める。叱るようなこともなくなり、彼は毎日ごろごろと平穏な日々を送っている。犬の顔は、これほど変わるものなのかと思う。そんな福助だが、たまに犬にしては珍しいことをする。眠っている犬が、突然足をバタつかせたり、吠えたりすることがある。いわゆる寝言だ。犬も夢を見ているからだと思うが、ほとんどの場合「悪夢」のようだ。

本当のところは犬に聞いてみないと分からないが、寝言に限って「キャン」と弱気な声で吠えながら、足をバタつかせたりする。そのようすから推測するに、何かに追われて必死に逃げている夢ではないかと思う。犬の寝言はいつもそんな感じだ。富士丸もそうだっ

小さな体で、
不安そうな目をしていた福助。
でも大吉のことはすぐに好きになり、
後に破壊王へと変貌していく。

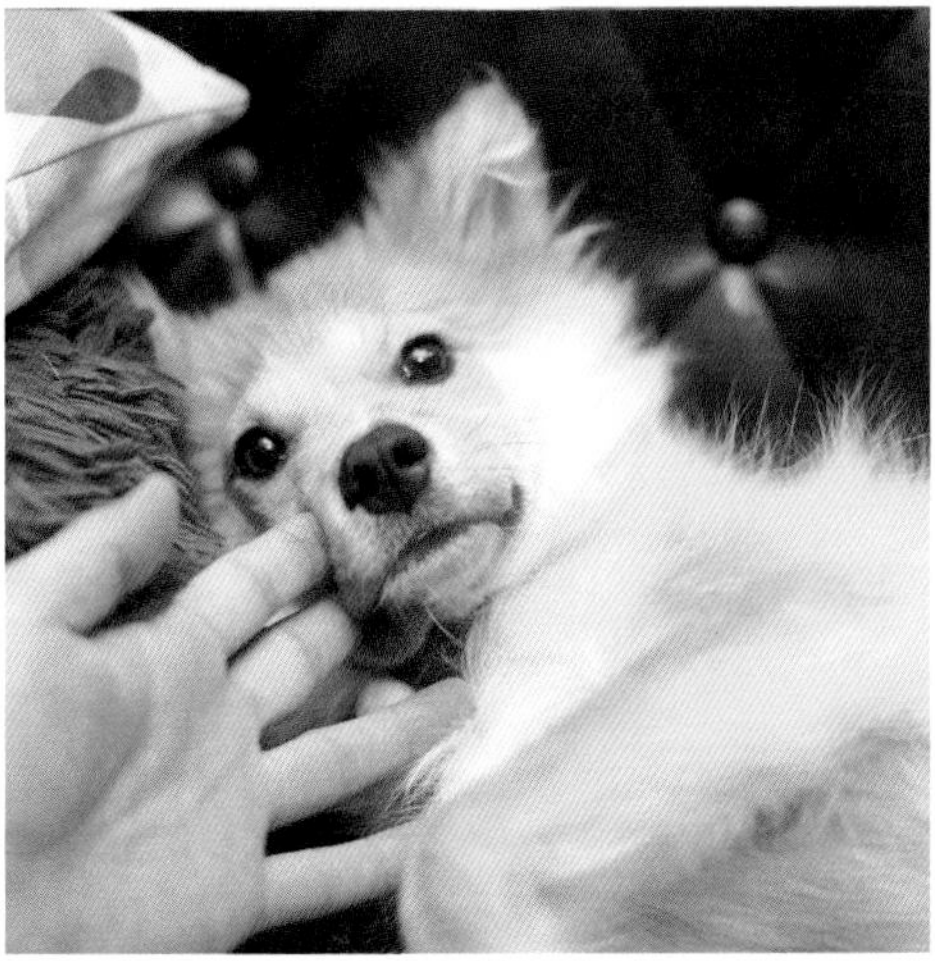

たし、大吉もよくやっている。犬と暮らす人に聞いてみると、うちも同じだという。だから理由は分からないが、犬というのは怖い夢を見るものだと思っていた。

今ではすっかり慣れてしまい、眠っている犬が突然キャンキャン吠えようが、足をバタつかせようが「また夢で何かから逃げているんだろうな」と思うだけだ。

しかし先日、仕事をしていると視界の隅で何かがふわっと動いた。そっちを向くと、眠っている福助のしっぽが左右にゆっさゆっさ揺れている。しかも口角が上がって嬉しそうな表情を浮かべているではないか。まるで、お花畑でルンルンしているように。楽しい夢を見ているのは間違いなさそうだ。

これまで、眠っている犬がしっぽを振っている姿は一度も見たことがなかった。なぜ過去に辛い経験など一切していないはずの富士丸や大吉が悪夢にうなされているのに、幼い頃に施設に収容されるという恐怖体験（※）をしている福助がお花畑（想像だが）の夢を見るのだろう。彼の頭からは、人間が怖いと思った記憶は消え去ったのだろうか。

しっぽを振りながら嬉しそうな顔で寝ている福助を見ながら、そうだったらいいなと思うのだった。

（※）施設に収容されることに福助が恐怖を感じただけで、動物愛護センターや職員さんには感謝しています。

多頭飼いになって分かったメリット、デメリット

今でこそ大吉と福助がいるのが日常になっているが、思い起こせば福助を迎える前は不安だらけだった。二頭の犬と暮らしたことがないから、どうなるのか想像できなかった。仲良くやっていけるのか、喧嘩しないか、散歩ではどうコントロールすればいいのか、食べ物の奪い合いにならないか。そんな心配があった。

動物愛護団体などから譲渡してもらうときは、そのあたりの相性を見極めるトライアル期間というものがある。しかし最初はどうなることかと思った。

福助がうちに連れて来られたとき、大吉がいきなり襲いかかったのだ。そんなことをしたのは初めてだったから、慌ててすぐに引き離したが、嚙んだりしたわけではなく、威嚇だったようだ。しかしそれで完全にビビった福助は「キャインキャイン」と悲鳴のような声を出して、ウンチを漏らした。

今となれば笑い話だが、そのときは困惑した。いつも温厚でフレンドリーな大吉がなぜ仔犬に食ってかかったのか。もしや一緒に暮らすことになるのを察知して拒絶しているの

わがままでやりたい放題、
犬にも「末っ子気質」
というものがあるらしい。
福助を迎えてそのことを知った。

か。意図がまったく分からなかった。

その後しばらく様子を見ていたが、もう大吉が凄むようなことはなかった。もしかして、最初に一発かましてやりたかっただけなのか。

いっぽう、ウンチを漏らすくらい恐れおののいたわりに、福助がすぐに大吉を慕うように後を付いて歩くようになったのは驚いた。それを大吉が拒絶するようなこともなかった。トラウマのせいで、私や妻にはなかなか心を開いてくれなかったが、大吉のことはすぐに大好きになったようだった。

二日もすれば、大吉が怒らないことを知り、さかんに戦いを挑んだりするようになっていく。それを大吉は適当にあしらいつつ、手加減をしながら遊んでやっていた。そしてトライアル期間が終了し、福助は正式にわが家の一員になった。

その後、トラウマを克服してどんどん好き勝手するようになり、トイレはなかなか覚えず、破壊活動がエスカレートするなど色々あったが、ひとつ腑に落ちないことがあった。

よくその家のルールは先住犬が教育してくれると聞くが、大吉は一切教えてくれなかった。帰宅してクッションがズタボロにされているのを発見すると、その横で「これ、オレじゃないからね」という顔をする。「そんなこと分かっとるわ！　お願いだから見てないで止めさせてくれよ」といくら頼んでも放任主義だった。

それ以外では、同時に散歩させるのも大変ではないし、食べ物を奪い合ったりもしなかった。というより、ふたりとも食への執着心が薄くがっついたりしない。残しては後で食べる「遊び食い」をする。

そうして不安は杞憂に終わった。むしろ、福助を迎えて良かったと思うことの方が多い。最も大きいのは大吉の変化だ。

福助が来る前の大吉は「敬語を話す小学生」みたいな感じで、幼いのに妙に大人びていて、手がかからないのはいいのだが、はしゃぐこともほとんどなく、ひたすらつまらなそうに昼寝していることが多かった。

それが福助から遊びに誘われると付き合ってあげるようになり、顔つきが急に兄っぽくなった。大人びた部分は残っているが、つまらなそうにしていることがほとんどなくなったのだ。何かにつけて福助がちょっかいを出してくるからで、日に何度かは必ずバトルを繰り広げている。

いつの間にか、体重一三キロほどの大吉を上回り、福助は一五キロになっていた。体格は大吉の方が少し大きいのに。体重は重くても、頭脳の差なのか、大吉の方が圧倒的に強い。オモチャの引っ張り合いをすると良く分かる。大吉は綱引きをするように「よいしょ、よいしょ」と引く力に強弱を付けるが、福助はただ重いだけ。私に対してはそうなのだが、犬同士になると、大吉は手加減してやっているようだ。福助はそんな大吉に甘えているのか、しつこく戦いを挑んでは転ばされたりしている。彼らがじゃれあっている姿は楽しそうで、見ている方も自然と頬が緩んでしまう。福助を迎えていなければ、こうはなっていなかっただろう。

おかげで、七歳になる大吉は未だに結構アグレッシブに動く。ときには自分から福助を遊びに誘ったりもしている。

福助は、犬の成長から考えるともう立派な大人のはずだが、未だに精神年齢は「お子ちゃま」なようだ。たとえばボールが二個あったら、大吉が持っている方が欲しくなり、それを奪い、余った方を大吉が拾うと、今度はそっちを奪い取ろうとする。大吉が持っている方が欲しくなるらしい。ガキんちょめ。

多頭飼いでもそれぞれだと思うが、わが家の場合はそういう関係を見られるようになったのはとても喜ばしいことだ。何より、ずいぶん賑やかになった。それがメリットだろうか。では、デメリットは何だろう。

犬というのは不公平に敏感なので、どちらかだけにオヤツをあげたり、オモチャを与えたりすると納得しないから、必ずふたつ用意しなくてはならない。撫でるのも、遊ぶのも、常に両方だ。それに大吉はプライドが高いから、たまに「お前は偉いねぇ」と大げさに褒めてやらないと拗《す》ねることかな。

いざというときの反応の違い

毎朝、私は大福と腰越の砂浜を散歩している。歩いて五分もしないところに海があり、目の前には江ノ島が見える絶好のロケーションだが、彼らはたぶん何とも思っていない。海に入るようなことはないし、波打ち際で足が濡れるのも避ける。なぜかアスファルトでは決してウンチをしようとせず、土か砂の上を好む。だから恐らく砂浜を巨大なトイレくらいにしか思っていないのだろう。

しかし、海や砂浜に喜ぶ犬は多いらしく、旅行者と思われる飼い主と犬が遊んでいるのをよく見かける。

その日は妻の仕事が休みで、福助のリードを妻が、大吉のを私が持って散歩していた。すると遠くの方でボール遊びをしている大型犬が見えた。二〇メートルくらいあるロングリードで飼い主が投げたボールめがけて突っ走り、くわえて戻っている。四〇キロほどありそうな、こげ茶色のラブラドール・レトリーバー（以下：茶ラブ）だった。動きが若々しかったので、パワーが有り余っている三歳くらいではないだろうか。ちょうど進行方向で遊んでいたため、私たちは邪魔にならないよう距離を取って通り過ぎようとしていた。

そしたら茶ラブが、こちらに気がついた。次の瞬間、大吉に向かって走り出した。ものすごい勢いでこっちに猛ダッシュしてくる。不意を突かれた飼い主の手からリードが落ち、茶ラブはあっという間に目の前に来て、激しく吠えながら大吉に襲いかかろうとした。

長年犬と暮らしてきた経験から、遊びに誘っているのか、冗談なのか本気なのかはだいたい分かる。そのときの茶ラブは、明らかに敵意をむき出しにして、本気モードで攻撃しようとしていた。これはまずいと私は咄嗟に大吉の前に割って入ろうとしたが、茶ラブは回り込んで大吉を狙おうとする。突然のことに驚きつつ、大吉は相手の攻撃をうまくかわし、応戦しようとしている。けれど一三キロほどの大吉と四〇キロの茶ラブでは体格が違いすぎる。まともに戦って勝てるわけがない。だから私は必死にリードを引いて、大吉を少しでも茶ラブから遠ざけようとしていた。

そのときようやく飼い主が追いつき、茶ラブのリードを引いて止めてくれた。「すみません」と何度も謝ってくれてことなきを得たが、わずか五秒ほどのことだったのに血の気が引く思いがした。大吉くらいの中型犬が、あんな大型犬に襲われたら大怪我する可能性もある。

富士丸と暮らしていた頃は、こんな心配はしたことがない。

たとえ大型犬から喧嘩を売られても、三〇キロある富士丸が一方的に負けることはないと思っていたからだ。何度か似たようなことはあったが、怪我をさせられたことはない。だから何かあってもどこか落ち着いて見ていることができた。

しかし大吉が襲われそうになると、本当に焦った。中型犬でもこうなのだから、きっと小型犬と暮らしている人は、もっと怖い思いをしたことがあるのだろう。

それにしても、大型犬が相手でもひるまずに応戦しようとしていた大吉は偉いと思う。以前、柴犬から喧嘩を売られた福助を守ろうと間に入ったこともあったし。でも相手によっては逃げてほしいとも思う。

ちなみに、少し離れたところから一部始終を見ていたはずの福助は、助けようとするそぶりも見せなかったという。そしてこの後、普段なら絶対そんなところでしないのに、この日に限って階段の物陰に隠れるようにこっそりウンチをしたのだった。いつもはわが家で大吉に喧嘩を売ったり、傍若無人に振る舞ったりしているくせに、いざとなると情けなすぎる。

山の麓に行ってみる

四五歳になったときに立てた目標は「たまには山の麓で犬たちと暮らしたい」だった。できれば五〇歳までに達成したいと思っていた。

しかし思っているだけで、あっという間に一年が過ぎ、四六歳になった。あと四年で実現できるだろうか。

山とはいえ、土地がそんなに安くないことは知っている。どんなに安くても数百万はするだろう。仮に土地が買えたとしても建物が必要になる。金額はもっと膨れ上がる。こつこつ貯めて、数年で用意できるだろうか。そこでふと気がついた。

もし仮に、頑張って働いてなんとか五〇歳までにお金ができたとして、さらに手頃な物件を手に入れられたとして、福助は七歳、大吉は一〇歳を過ぎていることになる。一〇歳といえば老犬だ。はたして山の中を走り回れるだろうか。ちょっと厳しいのではないか。であれば、もっと若いうちになんとかしたい。何かいい方法はないか。

考えた結果、土地と建物を同時に手に入れようとするのではなく、まず土地だけでも買って、後はそこで車中泊でもキャンプでもすればいいのではないか。それなら予定を少し早めることができるのではないだろうか。

そんな考えもあり、たまたま開催されていた「キャンピングカーショー」を、大福同伴で見に行くことにした。キャンピングカーの多くは高額だが、中にはリーズナブルで手が届きそうな車もあった。まず安い土地を手に入れて、キャンピングカーで遊びに行く。それならなんとかできるかもしれない。夢が膨らむ。

けれどちょっと待て。山といってもいったいどこなのか。漠然としたイメージだけでなく、もっと具体的に考えないと。

そこであることを思い出す。少し前に知り合いの編集者が『週末移住からはじめよう』(草思社)という魅力的なタイトルの本に携わっていた。その著者を紹介してもらって、話を聞くことはできないか。著者は友枝康二郎さんという方で、本を読むと都内でデザイナーとして働きながら八ヶ岳に家を買い、週末移住から始め、現在では完全移住し、山に定住している。移住アドバイザーとして相談にも乗ってくれるらしい。

そこで早速、編集者に友枝さんの連絡先を教えてもらったのが二〇一七年二月のことだった。そこで何かしらのアドバイスをもらえればという軽い気持ちで連絡してみた。

ところが、友枝さんにメールで事情を話すと「とにかく、この時期の八ヶ岳を一度見に来てください」と返事が来た。八ヶ岳は二月が一年で一番厳しい時期だから、移住を考えるなら実際に見ておいてもらった方がいい。それでもし気に入ったら、春から秋にかけては最高だから、一年を通じて好きになるはずだとのことだった。

そこで急遽、八ヶ岳へ会いに行ってみることにした。

友枝さんからは、雪が積もっていることもあるし、夜には路面が凍結するので、スタッドレスタイヤを履いた4WDを勧められた。わが家の車は軽自動車のノーマルタイヤだから、レンタカーを借りた。

当日、諏訪南インターを降りたあたりには雪はなかったが、待ち合わせ場所に向かっていると、進行方向に八ヶ岳連峰が連なっている圧巻の景色が広がっていた。そして、坂道を登るに従って、周囲に雪がちらほら見え始め、そのうち道路にも雪が残る風景にみるみる変わっていった。高速を降りて二〇分ほどしか走っていないのに、到着した八ヶ岳美術館の駐車場は二〇センチほど雪が積もる別世界だった。忠告に従ってスタッドレスタイヤの4WDにして良かった。

車から降りると、空気がキンとしていて、吐く息が白くなった。寒いけど嫌じゃない。足元に積もっているのもさらさらした粉雪で、都内でたまに積もるボタ雪とは全然違う。

何度か経験のある大吉はテンションが上がっていたが、福助は雪を見るのが初めて。どういう反応をするのだろうかと見ていると、しばらく匂いを嗅いだり、周囲をキョロキョロしながら歩いた後、雪の感触を確かめながら「なんじゃこれ！　ふかふかでなんか楽しいぞー！」とばかりにはしゃぎ出した。

富士丸も初めて雪を見たときは狂喜乱舞してバクバク食べていたから、もしかして犬のDNAには雪を見るとテンションが上がるスイッチが埋め込まれているのかもしれない。大吉と福助は、雪に半分埋もれながら飛び跳ねている。そうか、そんなに嬉しいのか。二月の八ヶ岳も最高じゃないか。

そこで友枝さんと合流したが、デザイナーらしく、帽子をかぶって丸い眼鏡をかけたダンディーなおじさんだった。

「冬はいつもこれくらい雪が積もるんですか？」と聞くと、そうでもないとのこと。

「雪が積もるのはひと冬に数回あるかないかで、積もってもせいぜい二〇センチくらいですよ。だから雪国というわけでもないんです」と言う。

むしろ雪国より寒さは厳しいそうだ。野沢温泉あたりの雪国は標高一〇〇〇メートルほどだが、八ヶ岳美術館あたりは標高一五〇〇メートルでその分気温も低く、夜はマイナス一五度くらいにはなるらしい。そんな日は路面も凍結するから注意した方がいいそうだ。

その後は、友枝さんの車の後に付いて原村周辺の別荘地をいくつか回り、売りに出ている土地を案内してもらうことになっていた。

まず最初に、細い道のどんつきにある土地を見に行った。周囲には数軒別荘があるが、木に囲まれていて、林の中のようなところだった。あたりは静まり返っていて、歩く度に雪のギュ、ギュという音しかしない。友枝さんが「あそこから、このあたりまで」と指差す範囲はかなり広く二五〇坪ほどあるという。鬱蒼《うっそう》としている感じが私はとても気に入ったが、妻の反応はいまいちだった。大吉と福助は土地を見ている私の隣で、雪の中をずんずん進み、「ウッキョー！」という顔で飛んだり埋もれたりしていた。

次に、違う別荘地にある土地に向かった。さっきとは違い木は伐採されていて、かなり開けた別荘地で、綺麗に整備されている。一区画二〇〇坪ほどの敷地に家が並んでいた。私はどうもピンとこないが、妻は気に入っているようだった。大吉と福助はまた雪に埋もれていた。

その後も友枝さんと何軒か見て回ったが、驚いたのは値段にかなり差があることだった。二五〇坪で一五〇〇万円の土地もあれば、一五〇坪で五〇〇〇万円以上する土地もある。それ以上する土地もあるが予算を伝えて除外してもらっていた。価格の違いはなんなのか。

友枝さんによれば、斜面の向きなどで日当たりが悪かったり、湿気が溜まりやすかったりする場所は安く、逆に日当たりが良く、アクセスがいい土地は値段が高くなるという。「安い土地には必ず安いなりの理由があるんです」とのことだった。なるほど。それはインターネットで調べているだけでは分からないし、不動産業者だって、わざわざ悪い面を教えてくれたりはしないだろう。その点、友枝さんはあくまでも移住アドバイザーの立場から、良いことだけではなく悪い条件も教えてくれるのがとてもありがたかった。

ただし、ぽんと出せる金額ではない。

さらに友枝さんから少しショックな話も聞いた。ほとんどの別荘地には規則があり、土地だけ買ってそこでキャンプをするのは原則禁止で、キャンピングカーを家代わりにするのもNGだという。そうなのか。

であれば別荘地でなくてもいいじゃないかと思うが、実は整備されていない土地には水道電気といったライフラインが来ていない。その土地のためだけに引いてくるとなると相当費用がかかる。ゴミ収集の問題もあるし、よほどの覚悟がないのなら、別荘地の方が何かと便利なのだ。

雪がなくなる頃にまた訪れることにして、友枝さんに御礼を言ってこの日は帰ることにした。

冬の八ヶ岳は厳しいどころか、空気も景色も最高だった。大福も雪に大興奮していたし。インターネットで調べるのと、実際に見に行くのでは全然印象が違うことが分かった。

しかし土地だけ手に入れても駄目なのか。予算的に山の家探しはもう少し先延ばしにした方がいいかもしれない。さまざまな意味で現実を知り、帰り道で半分諦めかけそうになっていた。けれどできればまた粉雪を見せてやりたいなぁ。ぼんやりそんなことを思いながら運転していた。

末っ子の意外な思いやり

ある日の午後、ふと見ると大吉が右前足を浮かしていた。床に足を着けるのを嫌がっているようだ。どうした？　痛いのか？

思い当たることはあった。少し前から大吉がしきりに右前足を舐めており、肉球の間の毛が茶色く変色していたのだ。

最初はちょっと痒かっただけだと思う。でもそこを舐めると湿って余計に痒くなる。だからまた舐める、さらに痒くなる。これを繰り返していると炎症を起こしてしまう。体質にもよるが、湿度の高い季節によくあることらしい。

この連鎖を断ち切らないといけないのだが、犬に舐めるなと言っても仕方ない。だからできるだけ舐めないようにするしかない。

そのため、ここ一週間ほど茶色くなった肉球に包帯を巻いていた。最近は重なった部分がくっつく便利な包帯があるので、家にいる間はそれを巻くようにしていた。しかし目を離している隙に取ってしまったり、包帯の上からでも舐めてしまったりするので、一日に何度も巻き直していた。

それでもそのうち治るだろうと思っていたが、足を上げるということは、悪化して痛くなってきたということか。包帯を外してよく見てみると、皮膚がちょっと赤くなっているようだった。関節を動かしても痛がらないから、やっぱり炎症なのか。右前足が床に着かないようにぴょこぴょこ歩く。

これはいかん、とすぐに近所の動物病院に連れて行った。

患部を見るなり獣医が言った。

「これは痛いわ、肉球の奥が真っ赤になっているから」

人間も痒いところを無意識に掻きむしっているうちに、皮膚が傷ついてヒリヒリすることがある。肉球の間がまさにそんな状態になっているらしい。

痒みを抑える薬をもらい、患部に塗ってやる。

実は数年前にも同じ症状になったことがあった。そのときも最終的に病院で痒み止めの薬をもらった。

福助はまったく平気なので、やっぱり体質もあるのだろう。大吉は皮膚が弱いのかもしれない。それなのに、包帯を巻いておけばそのうち治るだろうと思い、結果的に悪化させてしまったのが申し訳ない。

もう強制的に舐められない状態にするしかない。

そこで、パラボラアンテナみたいなものを首に巻いて舐められないようにする「エリザベスカラー」を付けることにした。最初からそうすれば良かったのだが、動きにくそうなのがどうも不憫に思えて包帯にしていたのだ。しかし、こうなったら仕方ない。少しの間、我慢してもらおう。

ただ常に付けるのではなく、私が仕事しているときや、留守にするとき、夜眠るときなど目が届かないときに限定して、それ以外はできるだけ外してやるようにした。それでも付けているときは、つまらなそうな顔でごろんとしている。まぁ、首にそんな邪魔なものを付けられたらふてくされても無理はない。

なぜか、いつもは大吉にちょっかいばかり出している福助が大人しくしているのが意外だった。大吉と同じように、つまらなそうに横になっている。エリザベスカラーごしに喧嘩をふっかけることもできるはずだが、決してやらない。どうやら今はそっとしておいた方がいいと分かっているらしい。

そういえば福助にも、去勢手術をした後に傷を舐めないようエリザベスカラーを付けていた時期があった。あのときも大吉が福助の傷を舐めたりすることもなく、そっとしてあげていた。犬たちにエリザベスカラーの意味など分かるわけはないはずなのに、なぜか治療で付けなければならないときは相手を思いやるような素振りが垣間見られる。

首の周りに大きくて邪魔なものを付けているから絡みにくいと考えられなくもないが、

見ているとそれだけではないような気がする。

「つまんないなぁ」という顔をする大吉のことを、ときおり福助が「大丈夫？」という顔で見ていることがあるからだ。福助の術後も、大吉はそんな目で見ていた。

それに、リビングにいるときにエリザベスカラーを外してやると、「待ってました！」とばかりに大吉が福助を遊びに誘う。すると福助は「遊んでもいいの？」という顔で、最初は遠慮がちにそれに付き合う。そしてだんだんヒートアップしてドタバタとやり始める。しばらく好きに遊ばせてから、またエリザベスカラーを付けると、途端にふたりとも大人しくなるのだ。

大吉が術後の福助を気遣う素振りは意外でも何でもなかったが、いつもはただのやんちゃ坊主でしかない福助にも相手を思いやる心があったとは。

それぞれの器の大きさ

幼い頃に福助をドッグランに連れて行ったことは、ほとんどない。なぜなら迎えた当初は人に対する警戒心を解いてもらうのが先で、そんな余裕はなかったからだ。それに大吉を迎えた当時暮らしていた初台は代々木公園のドッグランが近くにあったが、福助が来た頃に住んでいた扇大橋にも、その後引っ越した腰越の近所にもドッグランはない。

だからトラウマを克服してからも、ドッグランに行く機会がなかった。

しかし、いつの頃からか福助は散歩ですれ違う犬に向かって吠えたり、威嚇したりするようになっていた。犬同士のコミュニケーションは、できれば仔犬時代に学ばせておきたかったが、このままにしておくと一生直らない。吠えて脅すだけならまだいいが、喧嘩を売るようになると困るので、何とかしないといけない。

そこで、三歳を迎えた頃からなるべくドッグランに行くようにした。

まず向かったのは、車で一時間ほどのところにある寄《やどりき》にあるドッグラン。狂犬病予防やワクチン接種の証明書を見せて入場すると、広大な敷地が小型犬、中型犬、フリーゾーンとフェンスで仕切られている。

この日は中型犬ゾーンが工事中だったため、大型犬もいるフリーゾーンに入る。休日ということもあり、ラブラドール・レトリーバーやバーニーズ・マウンテンドッグなどがたくさんいて賑わっていた。

大吉と福助を中に入れてしばらくはリードをつけたままようすを見る。すると先にいた犬たちが一斉に「新入り」のチェックにやって来る。犬業界では年齢や体格に関係なく「ドッグランでは先にいた方が偉い」というルールがあるらしい。どこへ行ってもそういう光景を見る。

大吉は自然体で寄ってきた「先輩」たちに臭いを嗅がせているが、福助は緊張しまくっており、近寄ってくる犬にときおり「ギャン!」と吠えたりしている。散歩で威嚇するときの態度とまるで違う怯えたようすで。

ひと通りチェックが終わり、喧嘩っ早い犬はいないようなのでリードを外す。大吉はすぐに走って気の合いそうな相手を見つけて、追いかけっこをはじめる。いっぽう、福助はどうしていいか分からず、その場に立ち尽くしていた。

大吉のそばに行きたいのだが、その横にいる犬たちとどう接していいか分からないようだ。そんな福助の前に来て「一緒に遊ぼうよ」と誘ってくる犬がいても、それが遊びの誘いであることが分からないらしく、おどおどしている。それでも誘う犬が近づいて来ると「ガウ！」と吠える。すると相手は「何怒ってんだコイツ？」という顔で去っていく。

嬉しそうな顔で走り回る大吉とは対照的に、福助にとってドッグランはちっとも楽しくないようだ。ずっと私が座るベンチのそばにいて、困った顔をしている。たまに勇気を出して歩いて行っても、他の犬たちにどう対応すればいいのか分からずすぐに帰って来るという調子だった。

散歩で会う犬はお互いリードを付けているから、「お前なんか怖くないぞ」と強気で吠えているくせに、いざ自由になると引っ込み思案になるとは情けない。しかし、こうなったのは私に責任があるのかもしれない。幼い頃から、もっとドッグランに連れて行ってやれば良かったのだ。

しかしよくよく考えてみると、大吉もそんなに頻繁にドッグランに行っていたわけではない。それでも散歩中、すれ違う犬に吠えたりしたこともない。ということは、ただの器の違いなのか。そんなことはないはずだ。

だから彼が成長することを信じて、ドッグラン通いを続けることにした。

一カ月後にサマーランドの隣にあるドッグランへ行った。今度は大吉と福助の違いをじっくり観察してみることにした。

まず大吉は、どんな犬ともフレンドリーに接することができるようだ。相手が自分より大きくても怯むことはない。逆に小さい相手には、気遣うような素振りを見せる。小型犬から「遊ぼうよ！」と誘われても「怪我させたら悪いから」という顔で、遠慮した態度をとる。

取っ組み合いで遊ぶときは、自分と同じくらいの体格か、ちょっと大きいくらいの相手を選ぶ。どうやら遊ぶ前に自分と相手の腕力を推し量っていて、それなりに均衡のとれる犬を選んでいるようだ。

対して、福助も少し慣れたのか、おどおどしながら立ち尽くすことは少なくなった。まだ緊張しているようだが、歩き回ったりできるようになった。しかし自分から積極的に他の犬と関わろうとはしない。しかも近づいてきた相手によって態度が違うことが分かった。

自分より小さい犬から遠慮がちに誘われた場合、福助は「何だ、お前」という偉そうな顔で匂いをチェックする。相手が大人しく匂いを嗅がせていると「よし、もう行っていいぞ」という感じで興味をなくす。そこから遊びに発展することはなく、相手もどこかへ去っていく。

逆に自分より大きい犬が近づいてくると、ひと目で分かるほど腰が引けている。けれどしっぽを巻いて逃げるのはプライドが許さないのか、相手の方を向いたまま少しずつ後ずさりしている。それでもずんずん近づかれると耐えられなくなり「ギャン！」と吠える。しらけた相手はどこかへ行く。面白いのは、たとえ自分より小さい犬でも、ガンガン前に出てくるタイプだと、後者のパターンになる。

福助がひとりで歩いているとき、ミニチュア・ダックスフントが「一緒に遊ぼうよ！」とばかりに後ろから追いかけてきたのだが、それに気がついた途端、逃げ惑っていた。一五キロ以上もあるくせに、自分よりずっと小さい相手から逃げまくる。しかも、結構本気で走っていたのに、足の短いダックスに追いつかれそうになっていた。

以上のことから、福助はただ単に器が小さいだけであることが分かったのであった。

山に土地は見つかるか

四月になり、凍結の心配がなくなってから、再び八ヶ岳を訪れた。

前回は日帰りだったが、大吉と福助は移動ばかりでつまらないだろうと一泊することにした。「富士見高原貸別荘」というところで、何棟かはドッグランの中に貸別荘が建っており、敷地内はノーリードでもいい。つまり建物の周囲がプライベートドッグランになっていて、テラスでバーベキューをしてもいい。きっと彼らも大喜びだろう。

この日は、また友枝さんにいくつか物件を案内してもらう予定だった。諦めかけたが、やっぱりまだ望みは捨てられなかったのだ。

まず前回案内してもらった林の中の鬱蒼とした物件を見に行った。雪がなくなるとどんな風になるのかは見ておきたかったからだ。到着すると、前回見たときの印象とかなり違っていた。この前はあたり一面雪景色で明るかったが、地面があらわになると雰囲気が変わる。このあたりで暮らす人しか知らない秘密基地的な印象だったが、雪がなくなると、薄暗くちょっと湿った感じがした。気に入っていたはずだが、たしかに一五〇万円と安いのも分かる気がした。

今回は、あちこちにある別荘地の中で、友枝さんの暮らす「丸山の森」という別荘地も案内してくれることになっていた。

実際に行ってみるまで分からなかったが、別荘地にはその土地ならではの空気感のようなものがある。鬱蒼としている中に、ぽつんぽつんと家がある別荘地、明るく開けた区画に家が立ち並んでいる別荘地、そこに漂う特有の雰囲気があるのだ。

友枝さんはかつて、奥さんと全国各地の別荘地を見て回ったことがあるそうだ。自分たちが都内から移住するならどこがいいかリサーチするために。その中で丸山の森が一番気に入ったから決めたらしい。

行ってみて、何となくその意味が分かる気がした。広大な村営林の隣にあり、別荘地全体が緩やかな小高い山のようになっていて明るい。奥には特に何もなく、幹線道路にも面していないから車もほとんど通らない。ものすごく静かで、ときおり鳥のさえずりが聞こえたりする。そして北東には、高くそびえる八ヶ岳連峰が見えた。まさに山の麓だ。別荘地内は一区画が広いせいか、建物も密集しておらず、ほどよい距離で並んでいる。

そんな丸山の森で、土地だけでなく建物もある中古物件をいくつか見て回る予定だった。古いとはいえ建物があるなら、新築しなくていい。その分、費用が抑えられる。

一軒目は、丸山の森の端にあるかなり古い物件だった。中を見せてもらったが、いたるところが傷んでいて修理しないといけない箇所が多い。価格は安かったが、修繕費もかなりかかりそうだ。それに、なんとなくピンと来ない。

続いて二軒目はログハウスで、丸太で組まれている小屋はすごくいい感じだった。中も木材がふんだんに使われていて、リビングもキッチンも広い。しかし前のオーナーが二区画買い、その中央に家を建てたため、土地が六〇〇坪もあり値段が高い。それで買い手がなかなかつかず、五〇〇万円まで下がっているというが、決断できない。そもそも六〇〇坪も必要ない。

夕方早めに貸別荘に戻り、大吉と福助をドッグランで遊ばせた。走り回りながら、ふたりとも楽しくて仕方ないという顔をしていた。そんなに山の空気が好きなのか。

日が暮れると、テラスでバーベキューをした。自分たちは焼き肉で、大福にも鶏肉を焼いてやる。まだまだ肌寒いが、やっぱり全然嫌じゃない。むしろ炭火で温まる。そして、ビールをプシュッと開ける。夜空の下で、大福とテラスでまったり飲むビールは最高に美味しかった。

翌日、また友枝さんにいくつか物件を案内してもらったが、結局これだと思える物件はなかった。良いと思っても、すぐに出せる金額ではなかったりした。唯一はっきりしたのは、できれば丸山の森で見つけたいということだった。そこの雰囲気がすっかり気に入ったのだ。けれど、この調子ではたして手の届く物件は見つかるのだろうか。やっぱり少し無謀だったのだろうか。

そんな状況を見るに見かねたのか、友枝さんから電話である提案があった。

そこは丸山の森にある物件で正式には売りに出ていないが、数年前にオーナーが手放していいと話していたことがあるらしい。ただし築四〇年の古い建物で、ここ数年は放置されており、階段も朽ち果てて崩れている。それでも良ければ一度見てもらって、気に入ったなら管理事務所を通してオーナーに売る気はまだあるか聞いてみてくれるという。

以前オーナーが話していたのはたしか二〇〇万円だったそうだ。土地三〇〇坪に、築四〇年とはいえ建物が付いている。目の前は村営林で、丸山の森の中では唯一道路が舗装されていてアクセスもいいらしい。

どうしよう。相場から考えるとかなり安いが、私にとっては大金だ。けれど頑張れば買えなくもない。しかも、こんな条件はなかなかないだろう。

とにかく日を改めて、一度見に行くことにした。

さて、どんな物件だろう。

あの道の桜

仕事で初台に行く用事があった。初台といえば、私が三〇代を過ごした街だ。駅から徒歩五分くらいのところにある賃貸マンションの1DK。大型犬と住める手頃な物件がなかなかなくて、不動産屋を何軒も探し回って見つけたところだった。出窓がある狭い角部屋だったが、かなり気に入っていた。そこで一〇年ほど暮らした。

懐かしさもあり、少し早めに着いて、あたりを散歩してみることにした。駅前の商店街は結構変わっていたが、玉川上水跡の遊歩道はほとんど昔のままだった。かつて、私と富士丸が毎日散歩していた道だ。

遊歩道の両脇には桜並木が植えられており、毎年春になると花見客が多く訪れる。この日はちょうど春先で、懐かしい道に、桜がちらほら咲き始めていた。

昔は、小さなつぼみができて、それが少しずつ開いていくようすを、毎日あいつと散歩しながら眺めていたっけ。

満開の時期を過ぎると、桜の花びらはあっという間に散る。そして道は淡くて薄いピンク色に染まる。

あいつは土の匂いをくんくん嗅ぎながら歩くから、よく花びらを鼻の頭に付けていた。それでも全然気にする素振りもなく、鼻に花びらを付けたままご機嫌で歩いていたっけ。

そんな姿に笑いつつ、「そんなに早く歳を取るなよ」とか「来年もここで一緒に桜を見ような」なんて言っていたっけ。

雨でも雪でも、必ず毎朝、毎晩その道を散歩した。三歳くらいまではぐいぐい引っ張るだけだったのが、次第に引っ張らなくなり、五歳くらいからはこちらを気遣ってちらちら見ながら歩いていた。先だけ白いしっぽをくるんくるん振りながら。

遊歩道を歩いていると、そんなことを次々と思い出した。

不思議と、悲しい気持ちにはならなかった。

「ここであいつと暮らしていたんだなぁ」というほんわかした懐かしい思いと、昔通っていた遊歩道に対するなんともいえない愛着のようなものを感じた。それだけ時間が経ったということなんだろうか。

そのいっぽうで、「よくここでウンチしてたな」とか、「よくこの木の匂いを嗅いでたな」ということまでしっかり覚えていた。あいつがいなくなってもうずいぶん経つのに、おかしなものだ。

来年も、あの道には桜が咲くのだろう。そしたらまた見に行こうかな。

犬は何も悪くない

この間、付き合いのある税理士事務所に打ち合わせに行くと、なんと黒柴の仔犬がいた。ご夫婦で営んでいるのだが、犬と暮らしたいとは聞いていた。いつか黒柴と暮らすのが夢だったそうで、生後二カ月ほどのメスの仔犬を迎えたのだった。名前は「おはぎ」というそうだ。目がクリクリしていて、とても愛らしい。抱っこさせてもらったが、首すじを撫でると「くぅくぅ」いう。もう滅茶苦茶可愛い。

しかし奥さんは、ちょっと悩んでいることがあると少し暗い顔をした。

事情を聞くと、ひとりで部屋に閉じ込めようとするとキャンキャン泣きわめく、そこら辺でウンチやオシッコをしてトイレをなかなか覚えてくれない、ゴハンを与える前はテンションマックスになり暴れる、たまに噛まれて痛いなど。思わず「そんなの当たり前じゃないですか」と苦笑いしてしまった。

生後二カ月といえば、まだ兄弟と遊んだり、母親に甘えたりする時期だ。ひとりになるのは寂しいに決まっている。食べることを喜ぶのも自然なことだ。ウンチやオシッコする場所を覚えるのもまだ早い。甘噛みは本来、兄弟と遊ぶ中で学ぶことだから、まだ手加減を知らなくて当然なのだ。

そもそも犬は人間社会のルールなど知らないし、守る必要もない。けれど一緒に暮らすなら覚えてもらわないといけないことがあるからお願いしているのであって、犬は何も悪くない。しかも生後二カ月で覚えられるわけがない。そんなことより、たっぷり愛情をそそいで信頼関係を築くことの方が大切だ。そうすれば、後からなんとでもなる。

少し成長したら吠えて何か訴えてきても、無視して「吠えたからといって自分の要求が通るわけではない」と覚えてもらう時期が来ると思う。でもそれは今じゃない。だからできるだけ甘えさせて、粗相をしたら掃除を頑張ればいい。そう力説した。

そしたら「穴澤さん宅の犬たちは、いたずらとか粗相はしなかったんですか？」と聞かれたので「されまくりですよ」と即答した。

大吉はこっちが拍子抜けするほど優等生だったが、福助にはかなり手を焼かされた。そのうえ捕獲されたときのトラウマを抱えていたことも話した。

一歳を過ぎてもトイレを覚えず毎回スピーカーの前でオシッコしてくれていたし、トラウマを克服してからは破壊大魔王に変身し、シングルソファーから、三人がけのソファーまで食いちぎって中のスポンジを掘り出してくれた。その破壊王っぷりは、大型犬だった富士丸を上回るほどだった。

帰宅すると寝室のベッドの上が羽根だらけになっていたこともある。枕が引き裂かれて、中の羽毛が一面に散らばっていたのだ。その横には「オレじゃないからね」という顔をした大吉と、知らん顔している福助がいた。

さすがにそのときはマックスで怒るしかないと、鬼の形相で「ゴラァァァァ！」と怒鳴ると、あまりの剣幕に驚いた福助はウンチを漏らした。「あぁ！」と焦ると、オシッコまでジョロロロとしてくれた、よりによってベッドの上で。しかも大吉まで驚いて「なんかすみません」と反省顔になっている。慌てて掃除しながら、「お前は悪くないからな」となだめなくてはならない状況になり、怒るんじゃなかったと後悔したものだ。

けれど、いくら福助に苦労させられても、心のどこかには余裕があった。本気で悩んだりはしていない。それはきっと富士丸との経験があったからだろう。

富士丸と暮らしはじめた頃は、破壊活動にどれほど悩んだことか。いくら叱っても、出かける度にクッションが食いちぎられたり、何かが壊されている。防御策として、仕方なく玄関にゲートを設置して留守番時には閉じ込めるようにしたが、今度はそこにあったトイレシートをグチャグチャに噛みちぎるようになった。トイレを我慢しなくていいようにと撤去はしなかったが、それでも毎回やられる。なぜこんなことするんだ、と帰宅する度にため息をついていた日々。

悩みながらも、その頃から「犬は何も悪くない」と思うようになった。そういうスタンスに立って考えることで犬を責めなくていいし、気分が少し楽になったからだ。

しかしそれも三歳くらいになったら自然に収まった。

これは後になって分かったことだが、たぶん幼い頃は運動量が足りておらず、力がありがち余っていたのだろう。もちろん散歩は朝夕行っていたが、仕事も忙しく毎日二時間くらい散歩する時間的な余裕はなかった。破壊活動にもちゃんと理由があったのだ。原因が私の方にあったことに気がついたとき、本当に申し訳なく思ったものだ。

今では、どんなやんちゃ坊主であっても必ず落ち着くときが来るのを知っている。原因や理由はケースバイケースだが、そのうちきっと折り合いがつく。それまで多少時間がかかるだけだ。極悪破壊犬だった福助に対しても、たまには叱ったりしつつ内心では「仕方ないか」と思いながら落ち着いてくれるのを待っていた。

福助には色々やられたが、やはり困るようなことは何もしなくなった。最初は「怯えた仔ギツネ」みたいだったのが、今では「丸いタヌキ」になっている。

そんな話をしたら、奥さんは「なんかちょっと楽になりました」と言っていた。

やっぱり最初は悩むんだろうなぁ。大丈夫、だいたいみんな通る道だから。

犬はいつか分かってくれる？

だいたい月に一回、大福を洗うことにしている。それでこの間、あることに気がついた。いつの間にか福助がドライヤーを嫌がらなくなっているのだ。

大吉は元々平気だったが、幼い頃の福助はドライヤーをかけられるのを極度に嫌がり、隙を見ては逃げようとしていた。

そもそも、迎えた当初の福助はあらゆることが駄目だった。最初は抱き上げることもできない状態だった。ちょっと触ろうとしただけで逃げる。抱き上げようとすると、本気で嚙む。血が出るほど嚙む。そういう状態だった。

そのため最初は腫れ物に触るように気を使って接していたが、なんだか面倒臭くなり、そんなことしていても距離は縮まらないと思ったから「嚙みたいなら嚙めよ」と手を差し出したりしていた。犬の口の構造上、嚙もうとしたときに手を押し込むと口が閉まらず「オエッ」となる。逆に嚙まれたときに手を引く方が危ない。それに福助も、本気で攻撃したいわけではないはずだ。「止めて」という意思表示だろう。しかし、触れない、抱き上げられないでは何かと困る。だから嫌でもある程度は譲歩してもらわないといけない。何より、私たちが敵でないと分かってもらわないと。

そういう風に接していると、オドオドしていた目が少しずつ落ち着いてきて、そのうちどこを触っても怒らなくなった。その後はだんだんと本性を現してきて、怯えていたのが嘘のように神経の図太い奴になった。

それでもドライヤーだけは大嫌いで、何とか逃げようとしていた。彼からしたら、熱い風が出る得体の知れないものだから仕方ない。けれど洗った後にある程度乾かさないと、ブルブルされて家の中がびしょびしょになる。だから逃さない。逃げたら追いかけて捕まえていた。

私はそういうとき「その要求は通らない」と分かってもらうようにしている。嫌かもしれないが、言うことを聞いてくれないとこっちも困るからだ。たいていのことは「あ、嫌なのね」と思ったらやらないようにするが、譲れないことは譲らないというスタンスで挑む。それを態度で示すようにしていると、彼らもそのうち「これは抵抗しても無駄だ」と分かってくれる気がする。もちろんそれなりに時間はかかるが。

ドライヤーも逃げる度に捕まえていたら、遂に諦めたらしい。気がつけば、逆に快適そうな顔でたまにうとうとしている。そんな福助の顔を見ながら思う。

君、昔よく血が出るほど噛んだこと、覚えてる？

犬の方が正しいこともある

大吉と福助、どちらも仔犬の頃から一緒に暮らしているが、彼らにも言い分があることがよく分かる。守ってもらいたいこともあるけれど、完全に彼らが正しいこともある。

たとえば、大吉と福助にはリビングの脇にあるトイレスペースで、寝る前にオシッコしてもらうようにしている。犬種にもよるらしいが、歳をとるにつれ家では排泄したがらなくなる。わが家もそうで、できれば外でしたい派らしい。わざわざトイレスペースを作ってあるのに、いつの頃からかしなくなった。放っておくと、夕方の散歩から翌朝までオシッコはしない。

なぜ我慢する必要があるのか。我慢しているのは辛くないか？　と思うが若いときはそれでもいいのだろう。

しかし老犬になったら、自分で勝手に作ったルールに縛られて辛くなるかもしれない。足腰も弱くなり、きっとオシッコもそんなに我慢できなくなる。だったら今のうちから家のトイレスペースで排泄できる癖をつけておいた方がいいのではないかと思い、夜にオシッコするよう訓練してもらうことにした。

トイレスペースといっても、リビング脇にあるパントリーの床にトイレシートを敷いているだけだが、その前で大吉を呼び、中に入ると「ほら、オシッコして」と促す。最初の頃は嫌々といったようすだったが、毎日続けているとだんだんスムーズにしてくれるようになった。

オシッコをしたら、オヤツをひとつあげる。大吉は別にそんなものいらないという顔をするが「今日もちゃんとしたな、偉いなお前は」と大げさに褒めてやる。

するとその様子を見ていた福助が「オレも！」と飛んでくる。実は大吉にご褒美をあげるのは福助を釣る意味もあるのだ。大吉に続いて福助もオシッコをしたらオヤツをあげる。単純な奴め。我ながら実にいい作戦だ。

この頃は習慣になったのか、いつもしている夜九時過ぎになると、大吉が自ら動いてくれるようになった。

たいてい私は晩酌しながら釣り番組なんかを見ているのだが、大吉はトイレの方へスタスタと歩いていくと立ち止まり、こちらを振り向く。そして「そろそろ時間じゃない？した方がいいのならするけど」と目で訴えてくる。そこで「おっと、もうそんな時間か」と私はトイレスペースまで行く。そしていつものように、大吉、福助の順でしてもらうのが日課になっている。

福助はオヤツ目当てで後に続いているだけだと思うが、大吉は家ではしたくないはずなのに偉いなぁと思う。

そんな健気な大吉が、抗議してきたことがある。

その日は腰越で町内の新年会があり、一軒目の後にどこかで飲み直そうという話になり、「だったらうちで飲みますか?」と酒好きな数人をわが家に招いた。その時点で夜九時を少し過ぎていたと思う。

突然どやどやと押しかけてきた客を、大吉はしっぽを振って大歓迎してくれた(福助は吠えていたが)。客も大吉を撫でたりしていたが、酒が進むにつれ、たわいのない話で盛り上がる。

不思議に思うが、犬は自分のことが話題になっているか、そうではないのかはかなり自覚している。自分に関することだとちゃんと聞き耳を立てているが、関係ない話になるとつまらなそうな顔で寝てしまう。さりげなく観察しているが、いつもそうだ。内容までは理解していないと思うが、自分がその輪に入っているのか、蚊帳の外なのかは認識しているらしい。

この日も最初こそ大吉と福助の話をしていたが、気がつけば彼らとは関係ない話題になっていた。私もアルコールが回っていたのだろう。

いつの間にか、時刻は一〇時を過ぎていた。

ふと見ると、さっきまでソファーの上で寝ていた大吉と福助がいなかった。たぶん三階の寝室へ行ったのだ。眠くなったんだろうと思っていた。

結局、お開きになったのは一〇時半頃だったろうか。最後の方はよく覚えていない。

翌朝起きて、パントリーを見たときに日課を忘れたことを思い出し「しまった！」と焦った。慌てて敷いてあったトイレシートを確認したが、そこにはオシッコをした形跡はなかった。が、その隣に置いてあるビールケースがびっしょり濡れていた。どうやらそっちに向かってオシッコしたらしい。

大吉がそんな間違いを犯すわけがない。恐らく、昨夜何度か合図を送ったのだろう。しかし酔っ払ってみんなと盛り上がっている私は全然気づかなかった。それで怒って意図的にやったのだろう。

これはもう、完全に大吉が正しい。

すみませんでした。以後気をつけます、大吉さん。

見つかった理想的な物件

四月二二日、友枝さんから提案のあった物件を見せてもらうため、八ヶ岳に向かった。はたしてどんなところなのか、中はどうだろう。そんなことで頭がいっぱいになりながら中央道を走った。

待ち合わせていた丸山の森管理事務所に着くと、友枝さんと管理事務所の人が待っていてくれた。そこから例の物件に案内してもらったが、道路から見ると結構な斜面になっており、見上げると鬱蒼とした中に古い山小屋が建っていた。そこまで手作りの階段が続いている。そこを登って行くが何年も放置されているらしく、歩きづらいくらい雑草が生え放題で、玄関に続く木の階段は腐って一部が崩れ落ちていた。しかし建物は思っていたほど悪くない。

振り返ると、車を停めた道を見下ろすことができた。道を隔てた向こう側には村営林が広がっている。その景色を見たときに「ここはいい！」と直感的に思った。大吉と福助もウキウキした顔をしている（山にときめいているだけだと思うが）。妻も気に入ったというが、家の中を見てみないと決断はできない。

事前に友枝さんが手配してくれていたため、この日は管理事務所立ち会いのもと、オーナーの許可を得て特別に中を見せてもらえることになっていた。朽ち果てている階段は危険だから、脚立を立てて窓から入らせてもらう。

まず驚いたのが数年間も閉め切ったままだというのに、まったくカビ臭くないことだった。標高一五〇〇メートルで乾燥している地域だからなのだろうか。

中は六畳ほどの和室が二部屋、それに一〇畳ほどのリビングで十分な広さだった。内装や家具は、さすがに築四〇年というだけあって昭和にタイムスリップしたかのようだった。食器棚や冷蔵庫も、子どもの頃に見た記憶があるようなものだ。テレビはもちろんブラウン管で、カラオケの機械まで置いてあった。食器から布団やタオルまで、使っていた物がそのまま残っている。

テラスは意外に広く、奥行き二メートル、幅八メートルくらいある。出てみるとそこから敷地が見渡せた。管理事務所の人から敷地の境界線をだいたい教えてもらうが、十分な広さだった。雑草の生い茂る斜面の草を刈れば立派なドッグランができそうだ。

全体的に古い建物だが、泊まることができれば十分だ。朽ち果てた階段は撤去して簡単な階段を新たに作ればいい。友枝さんの知り合いの大工さんに頼めば、そんなに高くはつかないらしい。これほど条件が揃った物件はないような気がした。

そもそも、まずは土地だけ手に入れて、そこで車中泊でもすればいいという考えで土地探しを始めたのだから、寝泊まりができる建物が付いているだけでありがたい。安い買い物ではないが、それだけの価値はあるように思えた。そして、今の私に出せるギリギリの金額でもあった。

よし、ここにしようか。これまで見た物件の中では一番気に入ったし、予算的にも何とか出せる。さんざん悩んで妻とも相談した結果、そう決めた。

後は、オーナーが売ってくれるかどうかだ。友枝さんによると、以前売ってもいいと話していたそうだが、今はどうか分からない。ひとまず管理事務所の人に交渉をお願いして、回答を待つことにした。

すぐに管理事務所からオーナーに連絡してもらったはずだが、数週間経っても返事はなかった。売る気はなくなったのだろうか。何年も来ていないとはいえ、毎年かかる管理費をずっと払いつづけているから、それなりに余裕のある人なのだろう。

提示した金額が安すぎたのだろうか。けれど友枝さんの記憶によれば以前は二〇〇万円で手放してもいいと話していたという。

不思議なもので、いったん買うと決めたらどうしても手に入れたくなっていた。しかし相手からの返事を待つことしかできない。腰越に戻ってからも下見したときの家を何度も思い浮かべた。

山の中とはいえ、車で二〇分ほどの富士見町にはホームセンターやコンビニ、二四時間営業のスーパーまである。さらに周辺には温泉もいくつかある。何度か訪れているうちに、すっかり八ヶ岳が好きになっていた。何よりも大吉と福助が、行く度に普段とは違う顔つきになり、目を輝かせていた。しかも希望の丸山の森だ。

そして、三週間ほど経った五月のある日、管理事務所から電話があった。

ドキドキしながら出ると「オーナーから壊れた階段の修理にどれくらいかかるのかで考えたいから見積もりを取ってほしいと言われまして、もう少しお時間をいただけますか」とのことだった。それを聞いた瞬間、ガクッと来た。これはきっと駄目だろうなと思った。階段の修理にいくらかかるのかは知らない。しかし見積もりを取るということは、直して使う気があるのだろう。たしかに階段さえ直せば、まだ泊まれそうだった。建物付きで三〇〇坪二〇〇〇万円なんて、やっぱりそんな都合良くはいかないか。あの立地は理想的だったんだけど、諦めるしかない。また一から探し直すしかないか。そうなると、まだまだ先になるだろうな。電話を切ってから、そんなことがぐるぐる頭を回っていた。

ところが翌日、再び管理事務所から電話があった。時間をくださいと言っていたのに何だろうと思いながら出た。

「昨日あれからまた連絡がありまして、やっぱり売ってもいいそうです。価格も二〇〇〇万円で。ただひとつ条件がありまして」

「何ですか？」と聞くと、「今ある荷物の処分はお願いしたいとのことでした」という。それくらい全然かまわない。大丈夫ですと答えた。

「分かりました。つきましては売買契約の日時を決めたいと思いまして――」

話を聞きながら、鼓動が早くなるのが分かった。そうなの？　本当に？　昨日の電話でほとんど諦めていたのに、まさかこんな展開になるなんて――。

軽い放心状態だったのかもしれない。「いいんですよね？　買う方向で」という管理事務所の人の声で我に返る。

「いいです、買う方向で。というか、買います」

八ヶ岳に建物付きの土地を買う。あの山の家がもうすぐ自分たちの物になる。これは夢ではないらしい。それがいよいよ現実のものになった瞬間だった。

犬の寝顔を見て思うこと

無防備に寝ている大吉と福助を見ていると「お前ら、のんきだなぁ」と思う。ちょっとくらい揺すっても起きない。気づいたとしても、動かない。ひどいときはお腹を見せた「ヘソ天」の無防備な格好で、鼻をスピスピ言わせながら寝ている。

子どもの頃から家には犬がいたが、彼らが眠っている姿をほとんど見た記憶がない。父親の方針で家には上げず、玄関の犬小屋が定位置だった。今なら不憫に感じるが、当時は外の犬小屋で飼う風潮だったし、生まれ育った大阪の庄内でも友人から室内犬の話は聞いたことがなかった。玄関で雨風をしのげるだけいい方だと思っていた。

私が玄関に近寄ると、寝ていたはずの犬は必ず起きた。本能的に警戒していたのか、かまってもらえると喜んでいたのかは定かではない。

それでも小学生だった私は犬と一緒に寝てみたくて、玄関に段ボールを敷いて横になったりしてみたことがある。犬を抱きよせたが、全然寝てくれないし、玄関の床は冷たくて硬いから結局諦めて自分の部屋に帰った。すると犬は安心して自分の犬小屋へ入っていった。たまに吠えたりはしていたが、何を要求しているのか明確には分からなかったし、犬の方もこちらを分かっていなかったのだろう。それでも特に悪さはしない。今から四〇年ほど前はそういう距離感だった。

犬の寝顔をちゃんと見たのは、富士丸と暮らしてからだ。犬も寝言を言うのを初めて知った。その頃は1DKの狭い部屋で同居しているようなもので、四六時中顔を合わせているから、そのうちお互いに相手が何を考えているか分かるようになってくる。そして、自分が眠くなったら寝る。本気で寝たら触っても起きない。こんな犬がいるのかと驚いたものだった。

今は大吉と福助と寝室のベッドで一緒に寝ている。日中は、ソファーでも床でも好きなところでゴロゴロしている。家の中はすべてフリーだから、仮に「玄関にいてね」と言ったとすると、ふたりとも「なんで?」という顔をするだろう。

昔と比べると人と犬の距離はずいぶん近くなったと思う。おかげで彼らが何を考えているのかだいたい分かるし、彼らもかなり空気を読む。言葉を交わさないのに。

犬と一緒に寝るというのは、子どもの頃からの憧れだった。そのことを彼らの寝顔を見ながら思い出した。無防備すぎる寝姿は番犬としてよりも、動物としてどうなのかとは思うが。

山の家が自分たちのものに？

管理事務所から連絡をもらってから二週間後、八ヶ岳に向かった。正式に購入手続きを行うためだ。

前日からまたドッグラン付の貸別荘に泊まり、翌日に備えた。この前見た建物のことを考えるとワクワクしたが、この時点ではまだ実感は湧いて来なかった。大福とさんざん遊んで、ビールを飲んで早々に眠った。

そして当日、午前中に待ち合わせの管理事務所に行くと、すでにオーナーが到着していた。年配のご夫婦で挨拶すると物腰の柔らかそうな人だった。白髪の旦那さんが開口一番「こっちは涼しくていいところでしょ」と気さくに笑った。

ご夫婦は関東在住で、随分前にこの別荘地に家を建て、息子や孫を連れて頻繁に通っていたそうだ。しかし孫も大きくなり、自分たちも歳をとって運転が大変になったので、ここ数年は足が遠のいていたという。けれど今でも八ヶ岳は大好きらしい。特に夏が最高だと奥さんが教えてくれた。

「夏はね、東京と一〇度くらい違うのよ。都内が三五度だったら、こっちは二五度だからね。夜は肌寒いほどでねぇ」と言うと、隣の旦那さんも頷く。犬がいることを話すと「そりゃ、絶対大喜びだよ」とふたりして笑顔で応えてくれた。

その後、管理事務所立ち会いのもと必要書類に署名捺印し、契約はスムーズに終わった。条件は現状渡し。つまり、必要のない家具や荷物はこちらで処分し、壊れた場所も当然こちらで修理するというもの。それは事前に聞いていたので、なんの問題もなかった。契約が終わると「じゃあ、これからじっくり楽しんでね」と言葉を残し、ご夫婦は車で帰って行った。

私の手には、小屋の鍵が握られていた。

こうして二〇一七年五月末、山の家が自分たちのものになった。嬉しいというより、「本当に？」という感じだった。

外で待たせていた大吉と福助を連れて、妻とみんなで契約した物件に向かった。下見に来たときと同じように、鬱蒼とした斜面の上に建物が見えた。いざ鍵を持って前に立つと、じわじわと実感が湧いてきた。

もう貸別荘に泊まる必要はない。旅行ではなく、いつでも来たいときに来て、自分たちの家に泊まればいい。大福は間違いなくその度に喜ぶだろう。今でも十分に楽しそうなのに、さらにニコニコした顔で走り回るはずだ。

山に拠点を持つのは随分先の話だと思っていたのに、まさかこんなに早く現実になるとは――。

土地と建物をバックに、私と妻は大福と代わる代わる記念撮影した。

中古の山小屋はあちこち修理が必要だろう。とはいえ、本格的にリフォームするつもりはない。築四〇年なので、水回りから何から細かいところまでやるときりがない。すべて修理するなら壊して建て替えた方がいい。

現時点でそこまでの余裕はないので、できるだけ自分たちの手でやろう。ひとまず寝泊まりできる程度にするのを目指すことにした。それで数年使ってみて、時期が来たら建て替えるという計画だ。

そもそも最初は土地だけ手に入れて車かテントに寝ればいいという発想だったから、これでも充分すぎるくらいだ。

まずは朽ち果てている階段を直さないと。それで入れるようになったら、中にある荷物を処分し、大掃除する。中には大量の荷物が残されていた。さらに数年間放置されていたため、掃除もかなり大変そうだ。

当日はそこで寝ることになるので、朝出発し、夜までにあらかた作業を終わらせなくてはならない。かなりの重労働になるだろう。

それが終わったらテラスのペンキが剝がれていたので、友枝さんのアドバイス通り全部剥がして、オイルステインを塗る。さらに、伸び放題の雑草を刈り、柵で囲ってドッグランも作りたい。やらないといけないことがたくさんある。

今年の夏は、忙しくなりそうだ。

賢いのは、どちらか？

同じ環境で育ったはずの大吉と福助だが、もちろん個性がある。知能の「質」も違う気がする。

わが家では昔からいわゆるコマンドは使わず、「おいで」や「ちょっと待って」と人と同じように話しかける。彼らにもそれで伝わるので意思疎通は問題なくできていると思う。かなり言葉は理解しているようだ。

たとえば、仕事部屋でその日の作業が終わり、私がパソコンの方を向いたまま振り向きもせず「さて、そろそろリビングに行こうか」と言うと、後ろで寝ていた大福がむくっと起きてトコトコと階段を登っていくなんてことはよくある。

逆に彼らが何を訴えているのか、一緒に暮らしてきた中で、表情や目を見ればだいたいたい分かるようになった。ただ、伝わってくるメッセージが大吉と福助で微妙に違うのだ。

福助の場合、「遊ぼ！」、「やった！」、「ちょうだい」、「もっとちょうだい」、「やんのか！」、「こんにゃろ！」と単語で伝わってくる。

対して大吉は「今、暇だよね？　だったらこれ引っ張って遊ばない？」、「もしかして、遊びに行くの？」、「寝室に行きたいからドア開けて」というように文章で伝わってくることが多い。「もう何日も食べてないんだけど、それ、ひと口分けてもらえませんかね？」という嘘の演技をすることもある。

もちろん犬は話さないから、あくまでもこちらの受け取り方なのかもしれないが、福助が「犬っぽい」のと比べると、大吉はなんとなく「人っぽい」のだ。この「人っぽい」というのはうまく説明できない。擬人化して面白がっているわけではなく、視線からそういう意図を感じるし、行動から推測するに受け取ったメッセージはあながち間違っていないと思うのだ。

別に福助が馬鹿っぽいというわけではない。むしろ感心することもある。

福助は仕事部屋の開き戸を自分で開けられる。完全に閉まっていたら無理だが、カチッとなる手前で止めておくと、鼻先でチョンと扉を押して入ってくる。大吉はそれを間近で見ているはずなのに、自らドアを開けることはない。たいてい福助の後に続いて入ってくる。任せているだけかと思っていたが、先に福助だけが入ってきて、いくら待っても大吉が来ない。暖房効率が悪くなるからドアを軽く閉めておいたら、外でしばらく待っていることがあった。

驚いたことに、福助は二階リビングの引き戸も自力で開けられる。うちは吊り戸だから軽いこともあるが、前足を器用に引っ掛けてガラガラと開ける。季節問わず意味なく開けるので、夏はエアコンの冷気が一階にだだ漏れになるから止めて欲しい。

けれども、大吉はリビングのドアも決して開けようとはしない。

前足をよく使う犬とそうでない犬がいるが、大吉は前足を使わないタイプではない。むしろよく使う。

たとえば、私のズボンのポケットに犬のオヤツが入っているとする。すると大吉は匂いで気がつき、私の太ももあたりを前足でちょんちょんとつついてくる。その目は「ねぇ、そこに入ってるオヤツちょうだい」と言っている。撫でているときに止めたりすると、前足でちょんちょんしてきて「もっと撫でてよ」と訴えてくる。そのようすを間近で見ている福助は、ちょんちょんはしてこない。真似しても良さそうなものだが、なぜだかやってきたことはない。

このように、どちらも前足を使うのに、大吉は「自分の意思を人に伝えるため」に前足を使い、福助は「自分の行動を補助するため」に前足（と鼻先）を使うという違いが見られるのだ。

自力でドアを開けられる方が賢いともいえるし、意思を伝えるために使う方が「犬ＩＱ」は高いような気もする。

この違いは、何なのだろう。年齢によるものではない気がする。なぜなら福助は今五歳で大人だし、大吉は二歳の頃からそういう行動が見られたからだ。やろうと思えば絶対できるはずなのに、なぜ「犬ＩＱ」の高い大吉はドアを開けないのか。そこが一番の謎だ。

驚くべき福助の記憶力

福助を見ていると、よく分からないことがある。

犬も人を覚える。初対面では少し緊張していても、何度か会っているうちに打ち解けてくる。フレンドリーさに個体差はあるが「どうもはじめまして」から「やぁ、久しぶり！」へと態度が変わっていく。

見た目だけではなく、その人がどんな性格なのか、自分を可愛がってくれたのかどうかも覚えている。それは何年会わなくても忘れない。富士丸もそうだったし、大吉も同じだから、犬はそういうものだと思っていた。

しかし、福助は違うらしい。

何度会ったことがある人でも、三カ月会わないと忘れてしまうようなのだ。「久しぶり！」と歓迎する大吉の隣で、「誰だお前！」と吠えている。その表情や吠え方から、忘れているのが分かる。

ただし完全に忘れているわけではなく、撫でられたりしているうちに「あれ？　もしかしたらオレ、この人に会ったことあるかも?」という態度に変わる。馬鹿なんだろうか。

そのいっぽう、福助の音の記憶力はかなり優れている。

わが家では、私が晩酌するときに大吉と福助にオヤツをひとつずつあげるのがルールになっている。ルールにした覚えはないのだが、一度あげて以降、彼らの中で勝手にルール化されているらしい。

そのため私が冷蔵庫から缶ビールを出して「プシュ」と開ける音で、福助が飛んでくる。大吉はその後に付いてくる。

そして「オヤツタイムだよね?」という目で催促してくる。

仕方ないからルールに従ってひとつずつあげる。

なぜか分からないが、その前に何度も冷蔵庫は開けているのに、ビールを取り出そうとすると福助が動き出すのだ。どうも食事の支度をしているようすを観察しているらしい。それで用意がだいたいできたときに私がビールを取り出すことを覚えたのかもしれない。だとしたらすごい学習能力だ。天才なんだろうか。

ところが同じ音の記憶でも、夜に玄関のドアが開く「ガチャ」という音がすると必ず「誰だ!」と吠える。吠え方から歓迎ではなく警戒であることが分かる。チャイムを鳴らしていない時点でお客でも宅配便でもないことは明らかだし、それが嫁であることは日々の経験から学習すると思うのだが。

しかし毎晩ドアが開く音がすると「誰だ!」と吠えている。やっぱり馬鹿なんだろうか。

花火と雷がなぜ怖いのか

毎年、夏になると江ノ島の花火大会がある。腰越はすぐ近くなので、砂浜へ行けば間近に見えるはずだが、これまで一度も行ったことはない。花火の音が聞こえた瞬間から、大吉が挙動不審になるからだ。

若者が夜に砂浜でやる打ち上げ花火の「パン!」という音にもビビっている大吉にとって、花火職人による本気の「ドォォーン!」の連続は恐怖の極みなのかもしれない。ずっと私のそばから離れようとせず、ブルブル小さく震えて、ハァハァと落ち着かない。いつもの顔つきと全然違う。いくら「大丈夫だって」と言っても効果はなく、怯える大吉を置いて花火を観に行く気にもならず、結局家にいる。

もし言葉を話せるなら、花火の何がそんなに怖いのか教えて欲しい。音はたしかに大きいから多少はびっくりするかもしれないが、それ以外に何か嫌なことでもあったのか。一切ないはずだ。なのになぜそんなに怖がるのか、意味が分からない。

花火だけではない。大吉は、雷も暴走族の音にも怯える。風船が割れる音も駄目だ。どうも「破裂音系」が苦手らしい（雷は違うが）。

しかしこれは生まれつきではない。幼い頃は、突然の夕立で「ゴロゴロ、ドッカーン！」と外がピカピカ光り急に騒がしくなっても、窓際でスヤスヤ昼寝していた。こんなにうるさいのによく寝れるなお前、と感心したほどだった。それが二歳を過ぎた頃だったか、夕方の散歩中に遠くの空でゴロゴロいってるなと思っていたら、突然怯えだした。その日からは、家にいても雷怖い病になったのだ。バイクの爆音や花火もそんな調子で、ある日を境に怖がるようになった。

それは珍しいことではないらしい。犬と暮らす知り合いの多くは、だいたいあるときから雷や花火を怖がりだしたという。

富士丸もそうだった。たしか五歳くらいから、それまで平気だった雷に怯えるようになった。でかい図体のくせに仕事中の人の机の下に潜り込んで来るので、すごく邪魔だったのを覚えている。机の下で、あいつは何から身を守ろうとしていたのだろうか。

もしかしたら犬は成長するにしたがい、本能的に雷や破裂音を恐れるようになるものなのだろうか。富士丸が五歳、大吉が二歳だった。

はたして福助は、この先怖がるようになるのか。大吉が花火の音にブルブル震えている隣で、五歳になる今もまったく動じず腹を見せて寝ているが。無防備すぎる姿に、なんとなくこのままなオーラが漂っている気がする。

山の家の初日

六月に入り、手に入れた山の家に、初めて泊まる日が来た。

契約が終わってから、玄関に続く朽ち果てた階段は大工さんに付け替えてもらった。形状は犬が登り降りしやすいよう直線にして、傾斜も少し緩やかにしてもらった。

ひとまずこれで中に入れるようになったが、初日の課題は多い。まずは残された大量の荷物を処分するため不要な物を外に出す。その後掃除して、夜までに寝泊まりできるようにしなくてはならない。

早朝、腰越を出発し、昼前に山の家に到着。日が暮れるまでが勝負である。バタバタするので大福には申し訳ないが、部屋の中で自由にしていてもらう。旅行に来たと思っているのか、「何が始まるの?」とワクワクした顔をしている。まだここが自分たちの第二の家になるとは分かっていないようだ。

荷物の処分は業者にお願いするが、室内を片付けないとはじまらないから自分たちでやらなくてはいけない。ざっと見渡しただけでも布団やカーペットに椅子や細かい物まで大量に残されているので、大変な作業になりそうだ。しかも妻と私ふたりしかいない。妻は細かい物、私は重たい物と担当を決めて、いらないものは片っ端から外に運び出していく。その度に階段を登り降りするのは辛いので、テラスから下に落とすことにした。小さい物はゴミ袋に詰め込んでいくが、すぐにいっぱいになる。二時間ほどで、テラスの下には四トントラック一台分はあろうかというくらいのゴミ袋と荷物が積み上がった。

大きい家具をどかしたら、続いてリビングの使い古されたカーペットも剥がしていく。時間との戦いだから休憩なんてしていられない。念願の山の家を少しでも快適な空間にしたい。その一心で働く。

涼しい八ヶ岳で汗だくになりながら、四時間ほどでだいたいの荷物は外に出し終わった。冷蔵庫など、運べない物だけ業者にお願いすることにして、続いて部屋の掃除に取りかかる。

掃除機をかけて、手分けして畳や床を拭き掃除していく。数年間放置されているので、あちこちにホコリが溜まっている。それを濡れた雑巾で拭いてバケツで濯《すす》ぐ。和室が二部屋、リビングもあるから、これだけで夕方くらいになってしまった。

ちょうどその頃、注文しておいた寝具一式が届く。作業も何とか間に合った。これで寝られるようになった。事前に電気を通す手続きはしていたし、プロパンガスも頼んでおいたから大丈夫。後は近くの温泉で汗を流せばいい。

風呂に行った後、大福を連れて、夜に周囲を散歩してみた。聞こえるのは風で揺らぐ葉の音くらいで、あたりは静まり返っている。空気も気持ちがいい。

日中ドタバタしていたときは彼らも戸惑っていたが、ご機嫌そうに歩いている。山に来てから大福の顔が少し幼くなった気がする。

家に戻って夕食を食べながらビールを飲んでいるときに、くつろぎ始めた大福を見て思う。ここは君らの家なんだよ。

和室に布団を敷いてみんなで寝たが、前オーナーから聞いた通り、肌寒いほどだった。

ひとまず寝泊まりはできるようになったが、あちこち手直しが必要だろう。オイルステインも塗らないといけないし、生い茂る雑草をどうにかしないと。

まだまだやることが山積みだ。でもなんだかすごく楽しい。

ドッグラン作りに挑む

山の家の不要な荷物を外に出し、寝泊まりできるようになった。

手直しが必要な箇所はたくさんあるが、初回は掃除するだけで精一杯だったから、次の週末にまた山の家に向かうことにした。

せっかく涼しい山の家を手に入れたのだから、大吉と福助には好きなだけ走り回らせてやりたい。そこで室内の片付けは妻にまかせ、私はドッグランを作ることにした。

敷地は三〇〇坪ほどある。ただし敷地の周囲を全部柵で囲うのは別荘地のルールで禁止されている。だから一回り小さくする必要があるが、それでも十分だろう。問題は長いこと放置されて生い茂った雑草だった。それをどうにかしないといけない。

友枝さんに相談したところ、ホームセンターに行けば二万円くらいで草刈機があるから、それを買って自分自身でやるのが一番早いとのこと。そうなのか。そんなもの使ったことがないが、やってみるか。

早速、ホームセンターに行き、店員さんに使い方を教わった。

購入した草刈機はエンジン式で、燃料はガソリン。燃料タンクにガソリンを入れ、紐を勢いよく引っ張ると、ドドドドとエンジンがかかる。ストラップを肩にかけて草刈機を持ち、ハンドルにあるアクセルレバーを引くと先端に付いた丸い刃がウィィィィンとすごい勢いで回り出す。これで草を刈っていくらしい。

大福には悪いが、危険なので室内で遊んでいてもらう。

この作業をするためにツナギを購入し、手袋をして目を保護するためのゴーグルも付ける。草刈りなんて簡単だろうと思っていたが、いざやってみるとこれがなかなか難しい。雑草をどの程度の高さで切ればいいのか分からない。地面すれすれだと刃が地面をこすりそうで怖いし、上すぎると草が残る。試行錯誤しながら雑草の中を進んでいく。さらに草だけでなく、直径五センチくらいの小さい木もたくさん生えている。それらは草刈機では歯が立たなかったりするから、ノコギリで切っていく。

三時間ほど作業して、草ぼうぼう状態から多少は開けた感じにはなったが、残った茎がチクチクして走りにくそうだし、ドッグランというにはほど遠い。

草刈り仕事がこんなにクタクタになるとは知らなかった。

試しに大福を外に出してみると、あちこち匂いを嗅ぎながら楽しげに散策している。心配したほど足は痛くないようだ。とりあえず雑草が生い茂っていたよりはマシになった。

しかしまだまだ先は長い。

ただ、毎週末休みの度にこんなに目一杯「労働」をしていると疲労が蓄積することに気がついた。しかも腰越から八ヶ岳まで片道三時間近くの運転もある。

こんなことを続けていると体が持たないので、ひとまず少し遊べるようになったのなら、後はのんびり少しずつやれることからやっていくことにした。

それにドッグラン以外にも、できるだけ早くやっておいた方が良いこともあった。それがテラスの剝がれたペンキだ。すでに何年もこのような状態だったと思われるが、放置すると雨が染み込んで木がどんどん傷んでいく。このままにしておくと階段のように朽ち果ててしまうこともある。

それを防ぐには、今の塗装をできるだけ綺麗に剝がして、新たにオイルステインを塗る必要があるらしい。そのため翌日、またホームセンターに行き、電動サンダーを買ってきて地道に塗装を剝がしていった。塗装を剝がしたら、拭き掃除をして、今度はオイルステインを塗っていく。それだけで一日が終わる。

それからは、毎週のように山の家に通った。

困ったことに、敷地に生い茂っている雑草は根を張り巡らせているため、出ている部分だけを刈っても駄目なことが分かった。その程度だと、翌週にはあちこちでまた新たな芽がニョキニョキ生えてくるのだ。

草刈機にちょっと慣れてきたのと、この辺りには岩がほとんど埋まっていないことが分かったので、刃先を土の中に突っ込んで土を耕すくらいの勢いで草刈りをしてみた。

これを繰り返していると次第にふかふかの土に変わっていくのだが、こんなところで遊ばれたらドロドロになるのは目に見えている。けど茎や小枝がチクチク突き出たままよりはいいだろう。

次第に彼らが走れそうな場所が広がっていった。行く度に大吉と福助は弾けるように走り回っていた。

後は柵で囲わないといけない。

大福は勝手に遠くへ行ったりしないが、何があるか分からないし、友人の犬が遊びに来たときに不安なので柵はやはり必要だろう。

問題はどんな柵にするか。業者に頼んで作ってもらう余裕はないし、よくあるガーデニング用の板を買ってきて張り巡らしても一〇万円以上はかかりそうだ。さらに板は腐りやすい。

そう思いながらインターネットであれこれ探していると「アニマルフェンス」なるものを見つけた。本来は農作物を荒らすイノシシなどから畑を守るためのフェンスで、くるくる巻いてある針金のネットを伸ばしながら張っていくようだ。高さ一メートルほど、長さが二〇メートルで一万円くらい。それで充分ではないか。

設置方法は、別売りの杭を数メートル間隔で打ち込んで、ネットをその杭に引っ掛けていくらしい。

注文したものが届いたので、週末にやってみる。一ロール二〇メートル巻のものを二つ注文したので、周囲が最大四〇メートルのドッグランができる計算になる。まず、どこにフェンスを設置するかビニール紐を張ってみる。次にその紐に合わせて杭を打ち込んでいく。この作業は意外に時間がかかり、山の家に行く度に少しずつ進めた。

いつの頃からかセミの鳴き声がうるさくなったが、さすが標高一五〇〇メートル、夜寝るときはエアコンがなくても涼しかった。

そして八月、雑草が生い茂っていた場所に、どうにかドッグランを完成させた。やればなんとかなるものだ。

さぁ大福、好きなだけ走り回れ。

初めて見に行ったときの山の家。
階段は朽ち果てており、
雑草が生い茂っていた。
それでも気に入ってしまった。

道路から見た山の家。
ここから格闘の日々がはじまった。
まず階段を直して、
家の中に入れるようにしないと。

四〇歳を過ぎて草刈りデビュー。
まず階段周りを歩きやすくして、ドッグランに取り掛かる。

一番上の写真が最初の状態、真ん中は草刈りがある程度終わったところ、下が完成した様子。

当初は夏のみ利用するつもりだったが、
ひと夏通う中で冬にも来たくなる。
そして、寒冷地仕様のストーブを設置した（左下）。

山の家に来る度に、
大吉と福助は
顔を輝かせて遊んでいる。
楽しそうで何より。

犬はなぜか雪が大好きだ。
寒いのに飽きずに遊んでいる。
だから雪が降ったら、こっちまで嬉しくなる。
昔は、雪なんて好きじゃなかったんだけど。

どうする？　冬の山の家

夏の夜、山の家は涼しく快適だが、その分冬の寒さも厳しいらしい。冬に行くのは止めるべきか。

実は山の家の売買契約をする前に、友枝さんから「サマーハウスとして考えた方がいいよ」と言われていた。なぜなら築四〇年以上の建物で、建築基準も今よりゆるく気密性に欠けるし、あちこち傷んでいるから冬の寒さには耐えられないだろうとのことだった。

実際その通りで、リビングの天井は屋根の木材が丸見えで断熱材は使われていないし、玄関のドアなどいたるところに隙間がある。

それらをすべて修理するとなるとかなり費用がかかるし、構造的な問題も多いから、そんな大規模な工事をするくらいなら、建て替えたほうが早い。だからお金が貯まるまでは夏の間だけ利用して、冬に来るのは止めた方がいいとアドバイスされていた。

当初はそれでもいいかと思っていたが、ひと夏通う中で、冬も来たいという思いが強くなっていった。

それに初めて視察に来たときは雪が積もっていて、大吉と福助は大はしゃぎしていた。せっかく山の家を手に入れたのだから、彼らに好きなだけ雪遊びさせてやりたい。そのためには寒さ対策を考えなくてはならない。真冬にはマイナス一五度などざらにあるという。隙間風が入ってくる家では凍死してしまう。

事実、九月に入ると朝晩はすでにちょっと寒くなり、後半になると周囲では薪ストーブを点けて煙突から煙が出ている家が多くなった。

冬にも耐えられるようにするために、暖房器具をどうするかが課題だった。そこで友枝さんに紹介してもらった地元の業者さんが、山の家の状態を見に来てくれることになった。その会社は灯油の補充から、ストーブなどの設置までしており、そのあたりには詳しい。担当者は家に入ると、あちこちチェックしてくれた。

当初は工場などに置いてあるような業務用ストーブで充分ではないかと思っていたが、担当者によれば、それでは難しいという。広い工場ならいいが、一般家庭で使うのには致命的な問題があるらしい。それは換気で、ストーブはある程度点けていると換気が必要になり、停止する。そんなときは窓を開けて空気の入れ替えをしなくてはならない。そうすると外気が入って室温が下がる。そこでストーブを点けてもしばらくするとまた止まる、というエンドレスになってしまうらしい。

普通の寒さならそれでもいいが、マイナス一五度では致命的だ。換気が必要なのは石油ファンヒーターも同じだし、室内の広さ的にパワーが足りないそうだ。

では薪ストーブはどうなのか。あちこち隙間があるから薪ストーブでは力が足りないだろうとのこと。それに煙突も付けないといけない。となると設置費用は一〇〇万円くらいかかる。それなのに暖まらないのでは困る。

そこで勧められたのが、寒冷地仕様の石油ストーブだった。

そのストーブは屋外に一〇〇リットルほどの灯油タンクを設置し、室内のストーブが自動で吸い上げてくれるうえ、換気ダクトが付いているため、ほぼ換気はしなくていい。温度の設定もできて、設定温度になるとストーブが自動的に止まり、気温が下がるとまた火が点くという。そんなストーブがあることすら知らなかった。

費用は工事費用込みで三〇万円ほど。痛い出費だが、それで冬も来られるならと設置を頼むことにした。

冬の課題はそれだけではない。

夜になると路面は凍結するし、雪が積もることもある。となればスタッドレスタイヤを履いた4WDが必要になる。しかしわが家の車は軽自動車だ。仕方ない。中古車でも探すか。まさかこんなことになろうとは。

どうしてそんなにしてまで？　と自分でも思うが、休日が待ち遠しくなるほど山の家が好きになってしまったのだ。大吉と福助も、山に来るとずっと満足げな顔しているしね。

大福のいない部屋

たまたま仕事が重なり、週末もずっと仕事部屋にこもっている時期があった。日々の仕事量で手一杯だったのに、イレギュラーな仕事を引き受けてしまったから、週末を潰すしかなかったのだ。そうなることは予測できたが、長年の知り合いからの依頼だったことと、「基本的に来る仕事は断らない（怖くて断れない）」という性分だから仕方ない。

そんなわけで一カ月以上、休日返上で仕事をしていた。しかし、私の事情で妻や大福まで遊びに行けないのは申し訳ない。

だからある週末、妻には両親と大福を連れて山の家に行ってもらうことにした。車の運転は妻の親に頼めばいい。その間、私は家で仕事をするつもりだった。

土曜日の朝に妻たちを送り出し、私は仕事部屋でパソコンに向かっていた。すると一時間もしないうちに、違和感を感じた。すぐに原因が分かった。いつも後ろにいるはずの大吉と福助がいないからだ。何をするわけでもなく、ただ寝ているだけの彼らがいないだけで、部屋の雰囲気が違う。「何だこれ」と思いつつ仕事に没頭する。

またしばらくしたら何かがおかしいと感じる。何度振り向いてもいない。そんなことを繰り返していた。リビングに水を飲みに行っても、やっぱりいない。当たり前だし、いないことは分かっているのだが、彼らが家にいないことに慣れていないのだ。

働きに出ている妻がいないのはいつものことだが、大福はいつも家にいる。私が出かけても家に帰ればいる。

そんなことを言っても仕方ないので、必死で仕事をした。夕方になると習慣で「あ、そろそろ散歩行かないと」と思うのだが、すぐに行かなくていいことに気づく。なんだか調子が狂う。夜、ひとりで晩酌しているときにもしっくり来ない感じはずっと続いていた。あんな小さい奴らがいないだけで部屋がガランとしているのだ。

これと似たような感覚を味わったことがある。富士丸がいなくなった後がそうだった。あのときは、「あ、もういないんだ」と思う度、胸が締め付けられるようだった。しかし、今回は「明日には帰ってくる」という点が違う。これは天と地ほどの違いがある。

それでも正直、寂しかった。わずか一日なのに、会いたくて仕方なかった。これには自分でもびっくりした。いつの間にそんなに大きな存在になっていたのか。

日曜の夜に帰ってきた大吉と福助を待ち構えてワシャワシャしながら出迎えたのだが、遊び疲れたのか彼らのテンションは低く、スタスタと自分のベッドへ行って寝始めた。

何だかとても温度差を感じたのだった。

この世の終わりみたいな顔をされても

大吉と福助には、定期的に健康診断を受けさせている。一般的な血球検査（ＣＢＣ）より、血液中に含まれる成分を詳しく分析する「血液・生化学検査」によって、内臓に異常はないか、栄養状態はどうかをチェックしている。

他にも、フィラリアとノミ・ダニ予防の薬はあえて二カ月分しかもらわず、なくなる頃にかかりつけの動物病院に行き、こまめに触診してもらうようにしている。日々の様子におかしな点がなくても、獣医師なら気づくことがあるかもしれないし、何かあった場合の早期発見に繋がればと考えてのことだ。

一般的に犬は六歳までは年に一度、七歳を過ぎたら半年に一度は健診に行った方がいいと言われている。

それだけ気をつけていても、富士丸のようにある日突然というケースもある（富士丸も半年に一度は検査していた）。それでも検査しておくに越したことはないと思っている。

しかし大吉と福助は、動物病院が嫌そうなこと嫌そうなこと。

出かけることを察知した瞬間は「ひゃっほー！」という顔で喜び、車にも飛び乗るのだが、降りて動物病院が近づいてくると「もしかして、病院？」とみるみる表情が曇り、診察室へ入るときも足を踏ん張って頑なに拒むのだ。

抵抗しても持ち上げて診察台に乗せるが、体重を計って聴診器をあてられただけなのに、この世の終わりのような顔をする。

大吉は諦めてされるがままになるから楽なのだが、福助は耳の中だけは診られたくないらしい。獣医が器具を耳に差し込もうとすると「ガウ！」と唸って抵抗する。しかも隙あらば診察台から飛び降りて逃げようとするので、私がガッチリ押さえておかなくてはならない。

山の家にいるときの生き生きとした顔と比べると、その落差がすごい。なんて分かりやすい奴らだろう。

診察が終わって外へ出ると「ひゃ〜、えらい災難に遭ったわぁ」という顔をする。これぞまさに親の心、子知らず。

痛いことをされたわけでもないのに何がそんなに嫌なのか。きっと彼らには彼らの言い分もあるのだろう。

どんなに嫌がられても、また連れて行くけどね。

船を漕ぐ犬たち

一〇月には、山の家に寒冷地仕様の石油ストーブも設置した。一一月には雪や凍結したときに備え、一〇年落ちの４ＷＤも買った。まさかこんなことになるとはまったく予想していなかった。何が起こるか分からないものだ。

そして、冬の厳しさは予想以上だった。

パワーのあるストーブのおかげで一一月下旬までは快適に過ごせたが、一二月に入り本格的な冬を迎える頃には、思い知らされることになる。夜間は本当にマイナス一五度くらいになった。

気密性の高い最近の建物ならそれでも平気なのかもしれないが、なにせ築四〇年のため、そこら中から隙間風が入ってくる。そのためストーブが頑張ってもすぐに室内の気温が下がる。大げさではなく、窓際に置いてあったペットボトルの水が夜の間にカチコチに凍ったりするのだ。外へ出るとたしかに寒いのだが、厚着しているし、嫌な感じはしない。初めて来たときに感じたように、空気がキンとしていて、気持ちがいい。

しかし室内の寒さ対策は何か考えねば。そこでホームセンターで隙間を埋めるスポンジを大量に買ってきて、ありとあらゆる隙間を塞いだり、窓には断熱効果のあるエアクッションを貼ったりして、見た目は悪いが少しはマシになった。

底冷え対策にホットカーペットも導入し、熱が下に逃げないよう床との間にアウトドアで使うようなウレタンの両面にアルミコーティングされているマットを敷いたりした。和室には炬燵も買ってきた。夜寝るときも、電気毛布が大活躍する。

さらに夜間に水道管の凍結を防ぐための「水抜き」をすることやトイレのタンクに「不凍液」を入れることなど、寒冷地ならではの対策も学んだ。

おかげで冬本番になっても、月に一度か二度は山の家に足を運ぶことができるようになった。

年が明けて、二月には雪も積もった。その日は、大福が雪まみれになって飽きることなく遊んでいた。ドッグランは新雪だから、走るとふたりの足跡が付いていく。大吉は雪の上を飛び跳ねて、福助は顔から雪に突っ込んでいた。これを楽しみにしていたのだ。そんな姿を笑いながら眺める。

存分に遊んだ後は、彼らの体と足を綺麗に拭いてやり、室内に入る。そこにはパワーのあるストーブがあってほどよく暖かい。

すると大吉と福助は船を漕ぎ始める。ソファーの上でウトウトしては「おっといかん」

と目を開き、顔を上げる。すぐにまた瞼が重くなり、顎が下がり始めるのを繰り返す。お前が睡魔と闘う理由がどこにある。眠ければ寝ればいいのにと思うが、何とか起きていようと努力しているようだ。

たぶんまだ寝たくないのだろう。たくさん一緒に遊んだ日によくそうなっている。富士丸と暮らしていた頃から、そんな姿を見るのが好きだった。

「そうか、今日はそんなに楽しかったか」と思うのだ。

第二部
予想外の危機

突然の緊急手術

二〇一八年三月一六日の夜一二時頃、私は自宅の階段から落ちて頭を強打した。当日から約二週間の記憶がないため、妻から聞いた話を元に経緯を書いてみる。

その日私は、ある出版社の担当者とフリーランスの編集者と三人で食事をする約束をしていた。三人で進めていた書籍の編集作業が終わったので、打ち上げを行うことになっていたのだ。江ノ島水族館近くのレストランで、一八時に待ち合わせしていた。仕事とはいえ、昔からの知り合いだから堅苦しい話はせずに終始和やかな雰囲気だったと思う。

飲んで都内まで帰るのも大変だし、金曜日だからうちに泊まってもらう予定だった。そのためレストランを出た後は、わが家で飲み直すことになった。

お店では白ワインを飲んでいたが、そんなにたくさんは飲んでいなかったはずだ。家で飲み直しているときも、大吉と福助を撫でながら楽しくわいわいやっていた。そのうち都内で働く妻も帰宅し、その輪に加わった。

いつしか夜一一時半を過ぎていたから、私は慌てて大吉にトイレスペースでオシッコをするよう促した。いつもの日課である。大吉は用を足したが、福助はしない。そういうことはよくあった。朝まで我慢させるのも忍びないので、玄関を出てすぐ前にある草むらでオシッコさせようとした。

みんなにそう告げて福助を先に行かせ、二階のリビングから階段を降りようとした。私がリビングから出て行き扉を閉めてほどなく、ドドドドッ、ガシャン、ドスン！　という大きな音がした。

驚いた妻が扉を開けて確認すると、玄関に仰向けに倒れている私が目に入った。それを見て「あぁ〜あ、何やってんの、馬鹿だなぁ」と呆れたが、すぐに異変に気がついた。

私は玄関のドアに頭を向けて仰向けに倒れ、足をたたきに上げていた。そのままピクリとも動かない。慌てて階段を降りて確認すると、白目を剝いていて、呼びかけても反応しない。その横で、福助はわけが分からず困った顔をしていたという。

なぜ階段から落ちたのか分からない。私はこれまで酔って階段から落ちたことは一度もない。多少飲んでいても、足を踏み外したこともない。階段には犬のため滑り止めも貼っているし、手すりもある。仮に酔って転んだとしても、足が滑って尻もちをつく程度のはずだ。なのになぜ頭から落ちたのか。状況から推測すると、階段を降りる前に意識を失っていたのではないかと思う。それで頭から転がるように落ち、玄関の床に打ち付けたのだろう。でも、これまで失神した経験もない。何がどうなったのか、誰も見ていないから真相は分からないままだ。

とにかく妻は「救急車を呼ばないと」と焦った。リビングにいた編集者たちもただ慌てている。動転しながら妻が電話をかけていると、私の後頭部から黒っぽい血が流れはじめた。しかも白目を剝いているのに、いびきをかきはじめた。

電話で状況を伝えて救急車を呼んだが、待つ間に私の頭の周りには血溜まりが広がっていく。

一〇分ほどで救急車が到着。救急隊員によって私は玄関から運び出され、救急車へ担ぎ込まれる。編集者たちを自宅に残し、妻が救急車へ乗り込んで状況を説明する間も、ピクリとも動かない。救急隊員に「手を握って声をかけてあげてください」と言われるが、まったく反応しない。

ほどなく、大船にある大きな総合病院に到着すると、私は集中治療室へ運ばれていった。集中治療室とは、患者ひとりにつき看護師が在中していて、常に容態をチェックしている特別な部屋らしい。妻は待合室で待機するよう言われ、時間だけが過ぎていった。

深夜二時半頃、脳外科医が自宅から病院に駆けつける。同じ頃、深夜にもかかわらず、妻から連絡を受けた私の友人たちが病院に集まり始める。

到着した医師は、病院に担ぎ込まれた〇時すぎと、午前三時のＣＴの画像を見比べた。〇時すぎのＣＴで「頭蓋骨骨折」と「脳挫傷」、「外傷性くも膜下出血《まくかしゅっけつ》」が見られており、さらに三時のＣＴでは小脳に「急性硬膜《こうまく》外《がい》血腫《けっしゅ》」と「急性硬膜《こうまく》下《か》血腫《けっしゅ》」が確認されたと、妻と友人たちが説明を受ける。

　この時点で、かなり危ない状況であると告げられる。

　このとき駆けつけてくれた友人は美容整形外科医だが、過去には大学病院の研修医だったこともあるため医師の説明を理解しており、話を聞くうちに涙がこぼれ落ちたという。

　その後、朝七時のＣＴを見て、緊急手術をするかどうかの判断を下すということになる。

　医師の説明によると、このような状態で手術をするのは、かなりのリスクがあるとのことだった。なぜなら手術をしても助かる可能性が六〇％と低く、命を取り留めたとしても重い後遺症が残ることがあるからだ。かといって、手術しないと死んでしまうかもしれない。判断はかなり難しい容態だった。小脳に見られる出血が朝七時の時点で広がっていたら、もう助かる見込みはない。つまり手術する選択肢はなくなるということだ。

　朝七時になり、再びＣＴを撮ると、小脳の出血は重症化していなかった。そこで医師がリスクを承知で緊急手術を決断。妻や友人たちにそのことが伝えられる。手術しても助からない可能性があることも含めて。

　そして私は手術室へ運ばれていった。

　廊下で待つことになった妻は「昨夜は夢に向かって頑張る話をしていたのに――」と、現実が信じられない気持ちだったという。

緊急手術の後の私

朝九時、手術がはじまった。

後頭部の骨を削り、血の塊を摘出する大手術だった。結果を待つ間に、話を聞いた都内に暮らす友人たちも次々に病院へ駆けつけて来た。

開始から四時間ほど経過した一三時すぎに手術が終了し、医師から出血場所をふさぎ、峠は越えたと説明があった。

妻は術後の私と対面したが、麻酔の影響で意識はなかった。しかし目は開いており、白目までがむくんでいる状態で、どこも見ていなかった。

助かったことに少しだけ安堵した妻はいったん帰宅する。大吉と福助が心配だったからだ。編集者たちは家に残っていてくれたし、幸い事情を聞いた妻の両親が朝に駆けつけて世話をしてくれていた。

妻が帰宅すると、驚いたことに朝一番で知らせを聞いた私の父親が大阪から到着していた。手術が成功し、何とか命を取り留めたことを伝え、その日は自宅に泊まることになった。

そして翌朝、妻は親父と病院を訪れる。

ふたりは手術をした医師に呼ばれ、説明を受けた。

術後のCTでは、手術で切り取った右後頭部の頭蓋骨の一部がなくなっていたが、首の筋肉があるからなくても問題ないとのこと。手術前にあった血の塊は消えていた。

その席で「旦那さんはどんな職業をされていますか？」と医師に聞かれたという。妻はライターと小さな会社を経営していると答えた。

すると「おそらく、ライター業の復帰は難しいと思います」と言われた。なぜなら今回の怪我で左脳の脳挫傷があるので文章を書くのが困難になる可能性が高いこと、他にも言語や運動に何らかの後遺症が残るかもしれないから、仕事に支障をきたすかもしれないことなどを告げられた。

術後の私は集中治療室で人工呼吸器をつけた状態だった。相変わらず意識もほとんどなく、ときおり目を動かす程度だった。私は親父を見て一瞬だけ驚いた顔をしたかと思うと、すぐにまた意識を失ったという。親父は私の容態が想像以上に悪かったことに困惑する。

妻は勤める会社に事情を説明し、しばらく休むことにした。私の仕事関係の人たちに事情を説明したり、友人たちに連絡したりと奔走した。夜に私は、妻の呼びかけに少しだけ頷いた。

次の日には目を動かして少しずつ意思表示をするようになるが、人工呼吸器のため会話もできない状態だった。

人工呼吸器が外れたのが、手術から二日後の一九日だった。

妻が病室に入ると、私の意識はあったが、突然子どものような口調で話し出したという。

これは妻がメモに残していた、そのときの会話だ。

「ここどこ?」

「病院だよ」

「いつからいるの?」

「一昨日からだよ」

「何日目?」

「二日目だよ」

「明日帰れる?」

「帰れないよ」

「なんでこうなったの?」

「階段から落ちたんだよ」

「いつ?」

「一六日の夜だよ」

「学校に行く前に?」

このときの自分の頭の状態が分からない。意識は子ども時代に戻っているようだが、妻が誰であるかは認識しているらしかった。であれば、記憶をつかさどる海馬は動いていたのかもしれないが「今の自分」はどこにいたのだろう。

手術直後はそんな状態だった。現実も把握できていなければ、何も正常に判断できていない。

この後も、話すことはほとんど意味不明で、すぐにあちこちへ飛んだという。口調が子どもだったかと思いきや、急に大人に戻ったり、大阪にいるつもりになったり、過去の仕事のことを話したり。話がコロコロ変わったと思いきや、いきなり「疲れた」と言って眠る。医学的な詳しいことは分からないが、おそらく脳がまともに機能していなかったのだろう。

しかし二〇日に点滴を外したとき、私は真顔になってぼそっと「大吉と福ちゃんは元気？あいつらが元気ならそれでいい」と言ったらしい。

入院生活とタタミイワシ

手術から四日後の二一日には、個室から一般病棟に移動することになる。頭は包帯でぐるぐる巻きだが、車椅子でトイレに行ったり、少しずつ話せるようになっていた。後になって分かったことだが、転落したときに肋骨を数箇所骨折していたが、このときは気づいてもいなかった。

話せるようにはなったが、意識は非常に怪しく、子どもっぽい口調になったかと思うと、大人に戻ったり、話すことも支離滅裂だったという。

友人がたくさん見舞いに来てくれたが、顔は覚えているのに名前が出てこなかったり、呂律が怪しかったりしたそうだ。

それだけではなく、次第に行動にも異常さが現れてくる。

最初は二二日だった。夜、勝手に病室から抜け出して、病院内を徘徊する。それが看護師さんに見つかり、自由に動けないようベッドに手足を縛られた。しかし縛られている紐をほどこうとするため、両手にはミトンというグローブのようなものをはめられる。凶暴なわけではないが、とにかく病院から出たいらしく、妻や見舞いに来た人にも「これをほどいて」とお願いして困らせていたらしい。

常にそういう状態ではなく、普通に会話ができるときもあった。しかし話している相手のことは記憶にあるようだが、話は相変わらずあちこち飛んで相手を戸惑わせた。

そして夜になると、口でどうにかミトンを取り、点滴の針も自分で抜きとり、血を垂らしながら逃げようとして、その度に見つかっている。

妻は毎日病院へ来てくれていたが、会うと「家に帰りたい」、「大吉と福ちゃんに会いたい」、「一時間だけでいいから帰らせて、そしたらまたここに戻るから」と頼んで困らせる。悪いけどそれはできないと言われると「なんでだよ！」と怒る。頭が包帯ぐるぐるの奴が、滅茶苦茶である。二四日の時点で、まだそんな状態だった。

ひどいときにはベッドに縛られたまま逃げようと暴れて、両腕はアザだらけになった。

言い訳するわけではないが、このころの記憶が一切ない。そもそも私は基本的にそんなに分からず屋でも、粗暴な性格でもない、と思う。

脳にダメージを受けると、そんなに人格は変わるのだろうか。おそらく理性を司る大脳皮質がきちんと機能していなかったのではないだろうか。だから状況を考えず、自分の欲求ばかりを主張する。それが私の本質なのだろうか。何を考えていたかも思い出せないのが恐ろしい。

現実の記憶はまったくないが、私はある夢の中にずっといたことを覚えている。

そのとき私は、関西にいた。

ある日、付き合いのある（という設定）業者から「君の会社のスタッフにお願いしたい仕事がある」と頼まれた。聞けば全国にタタミイワシを売りに行って欲しいという。ライター業とは別に私が経営する会社は通販をしており、スタッフはその業務がある。そもそも売り歩く仕事などしたことがないし、なぜ私に頼んでくるのかも分からない。しかしなぜか断れず、「分かりました、俺が行きます」と答えてしまったのだ。

そこから場面は飛んでいる。

私はワゴン車を運転して兵庫県の明石に向かっていた。指定された場所は街外れの寂しいところだった。薄暗い明け方に到着すると、そこに昭和感の漂う古びた市場があった。ここで今日から開催される物産展のため、タタミイワシを持って来たのだ。

早朝のため誰もいなかったが、八百屋や魚屋などが集まった小さな市場のようだった。その一角に物産展用のスペースが設置されていたのを見つけ、そこにタタミイワシを並べていく。

「こんな市場にわざわざ東京からタタミイワシを持ってくる必要があるんだろうか」と思ったが、頼まれた仕事だから仕方ない。

ほどなく準備はできたが、まだ朝は早い。開店までかなり時間がありそうなので、仮眠をとることにして車に戻る。寝ずに運転してきたせいか、運転席を倒すと、すぐに睡魔がやって来て眠りに落ちた。夢の中では、なぜか白っぽい部屋でベッドに横になっていて「どこだ？　ここは」と思った。そこで記憶が途切れている。

次に覚えているのは京都だ。明石の後に向かったのだろう。この日指定された場所は商店街にあるテナントビルで小綺麗だった。搬入口から中に入ってみる。しかし着いたのが真夜中だったためか、明石の市場と同じように、ここにも誰もいなかった。どこの店も閉まっている。物産展のスペースを見つけたので、積んできたタタミイワシを並べていく。準備が終わってもまだ夜で、朝までかなり時間がある。

京都といえば、十数年ほど前にサイン会をしたことがある。何の本を出したときだったか忘れたが、富士丸と一緒に来たような気がする。けれどどんな書店だったのか、どこに泊まったのか、そのときの詳しいことがどうしても思い出せなかった。何もやることがなく、眠ろうかと売り場の隅っこで丸くなった。床のタイルが冷たくて痛かった。

夢の中ではまた白い部屋のベッドに寝ていて、そばには妻がいた。何か話しかけられたが、朝まで仮眠をとりたいし、京都が終わっても次の予定があった。だから「次は岡山と広島に行かないといけないから、少し休ませてくれ」と頼んだ。すると「ちょっと、何言ってるの?」と驚いている。そのとき「なんか変だな。だいたいなぜこの部屋が毎回夢に出てくる。そもそもここはどこなんだ?」としばらく考え「もしかして、あっちが、夢なのか?」

と聞いた。

それが、三月二九日のことだった。

入院生活は、ちょっと奇妙な経験だった。病室で人と話したり、何かと問題を起こしたりしていたそうだが、それらの記憶はなく、私は関西方面でタタミイワシを売り歩いていた。その夢は一度ではなく、いく晩にもわたり継続して見ていた。

考えてみれば変な話だ。起きているときのことは思考回路も含めてほとんど覚えておらず、なのに見ていた夢のことはぼんやりと、でもちゃんと覚えている。その頃はどういう状態だったのだろう。

まるで起きている間は別人で、そいつが眠ると水面下にいた本来の自分が動き出すような感じだったのか。それらふたつの人格は交わることなく並行して存在し、ある日、水中にいた方が水面から顔を出して現実を把握した。今となればそういうイメージに近いが、であれば起きているときはいったい誰だったのか。なぜそいつは粗暴で、好き勝手していたのか。

おそらく別の人格なんかではなく、意識は戻っても大脳皮質や海馬あたりがちゃんと機能していなかったため、理性や記憶力が欠けていたのだろう。しかし脳は自力で少しずつ修復しようとしていた。だから時間が経つにつれ、お見舞いに来てくれた人の顔がちらほらと残るようになってくる。けれど記憶としては不十分で、映像としてではなく断片的な画像でしかない。

日が経つにつれ、その情報量が増えていく。看護師さんと病院内を移動したときの会話や、窓の向こうの街の景色、アザだらけになった自分の腕を見たことは覚えている。

そして、二九日を迎えたのだろう。しかしその日を境にすべてが変わったわけではなく、それ以降も覚えていないことが結構あったりする。でも現実を把握してからほどなく、それまでの傍若無人な面は消えた、と思う。

それでも、その頃の私がいかにまだ正常ではなかったのかが分かるエピソードも妻から聞いた。

看護師さんとのリハビリの一環で、思いつく犬種を並べていくという課題を与えられた。そのとき私はすぐに「ドーベルマン」と答えた。しかし、次の犬種がどうしても出てこない。「他に思い浮かぶものは?」と聞かれ、私はしばらく考え込み「ド、ドトール!」と言ったそうだ。まったく覚えていない。恐ろしい。会話は正常にできるようになったと思っても、そんな感じだった。それも少しずつまともに近づいていった。

そして、四月六日に退院した。

今回の怪我で「死にかけた」といっていいだろう。担ぎ込まれたときの小脳の出血が止まらなければ手術しても無駄だったし、手術が成功する確率も六〇%、命を取り留めても後遺症が残ると言われていたのに。なぜ助かったのか、理由は分からない。ひとつハッキりしているのは、三途の川らしきものを見ていないことだ。

生死をさまよった人は、三途の川のほとりに立ったり、向こう岸に亡くなったはずの親しい人がいて、引き返すように言われたという話をよく聞く。しかし今回、川も見ていなければ、誰にも会っていない。それは脳が見せる錯覚なのかもしれないが、そういうときに錯覚でもいいから会いたいと思っていた奴がいたのに。

よく九死に一生を得た人は人生観が変わると聞く。けれども私には、そんなことは起きていない。怪我をしたときのことも、危ないときの記憶も何もない。覚えているのはタタミイワシを売り歩いていたことくらいだ。あるときぷつんと記憶がなくなり、気がついたら病室で、その間がごっそり抜け落ちている状態だから悟りようがない。

こういう経験をしたのに価値観が変わらないのは、なんだか残念な気もする。でも妻をはじめ、たくさんの人に心配をかけたのは申し訳なかった。

死んだ本人よりも辛いのは残された方だと、私は思っている。死んだ本人も無念かもしれないが、意識がないから感じようがない。それより、残された方がたまらない。いくら帰って来て欲しいと願っても叶うことはない。そういう意味で、助かって良かったというより、死ななくて良かったと思う。

退院してからの異変

思いがけない怪我で三週間の入院生活を送ったわけだが、そんなに長い間病院にいるのは初めての経験だった。怪我から考えるとよくその程度で退院できたと思うが、大福と暮らしてからそんなに家を空けたことはなかった。

私がいない間、彼らはいったいどんな様子だったのだろう。

妻に聞くと、どこか寂しそうにしていたらしい。私が病室で着ていた服を洗濯するため家に持ち帰ったとき、大吉がしきりに匂いをかいでいたそうだ。

退院して久しぶりに家に帰るタクシーの中で、早く会いたい気持ちでいっぱいだったが、きっと大吉と福助も歓喜の雄叫びを上げるのではないかと思っていた。しかし玄関を入ると喜んではくれるのだが、ふたりともそれほどテンションが高くない。どこかよそよそしいのだ。けれど久々に触れた彼らの体は相変わらずモフモフでほんのり温かく、ホッとした。

入院生活で、私の体力はかなり落ちていた。少し歩くと疲れるのだ。歩いていても時々ふらふらする。人間というのは三週間寝ているだけでこれほどまで体力がなくなるのかと驚いた。

退院翌朝の散歩にも、ひとりで行ける自信がなかった。そのため、数日は妻にも付き合ってもらうことにした。頼りなく歩く私が心配なのか、大福はちょくちょく振り返っていた。彼らの歩き方も、人を気遣うような感じがあった。疲れた顔を見せないよう心がけたが、以前のように彼らが散歩中にはしゃぐこともなかった。

一週間もすると、ひとりで散歩に行けるくらい体力は回復したが、なぜか便秘ぎみだった福助が退院後に快便になっていた。

昔から、いつもあっさりウンチをする大吉とは対照的に、福助はなかなかしなかった。彼には「ウンチモード」があり、もよおしているときは少し早歩きになる。これがまた繊細で、前からよその犬が歩いてきたり、大きな音がしたりするとウンチモードが解除される。何度もウンチングスタイルになったのに「何かが違う」という顔をして結局しないこともある。本当はしたいのに我慢しているのかと思うと不憫で、いったん大吉を家に置いて、福助だけ二回目の散歩に行くことが以前はよくあった。

しかし退院後は、毎回一回目でしてくれるのだ。妻に入院中はどうだったか聞くと、ずっとそうだったという。体力的に二回行くのはまだきつかったので、「ウンチしそうでしない病」を克服してくれたことに安堵していた。

それ以外でも、ふたりとも妙に大人しくなっていた。

家にいるときも、以前ならオモチャを持って来て「これ引っ張って」とよく大吉に催促されたが、そういう素振りを見せなくなった。バトルを繰り広げることもない。静かにこちらを見ていることが多く、はしゃぐこともない。入院前の自由奔放さがまったくないのだ。何となく元気がないような気がした。その原因は私にあったのかもしれない。

思い当たることは、退院直後の私は体力も落ちていたが、精神的にも少しおかしかった。何をしていてもどこかふわふわした感覚があり、以前のように意欲的に動けなかったのだ。階段から落ちて死にかけたのに、回復したのはありがたいということを頭では理解していても、実感がなかった。

あるときから突然記憶がなく、気がついたら病室だった。どこか狐につままれたような感覚だった。それなのに体力は落ちて、後頭部には大きな傷まである。ひたすら「何がどうなっているんだ」という気持ちだった。

酒は禁止されていたから、晩ご飯を食べたら寝る。若い頃から毎晩晩酌していたのに、それもつまらない。

妻によれば、その頃の私は口数がかなり少なかったという。

おそらくだが、ドーパミンやセロトニンといった脳内物質の分泌量が少なくなっていたのではないかと思う。だから感情の起伏や、安心感みたいなものが薄くなっていたのかもしれない。

集中力も続かなくなっていた。仕事しようとパソコンに向かうのだが、一時間もすると、突然眠くなったりした。少し横になると、すぐに眠れる。それで一時間ほど寝ると復活する。そんなことがよくあった。

人と話すのも疲れた。退院祝いで友人たちが家に来てくれたのだが、二〇分もするとすごく疲れる。友人ともっと話したいのに、言葉が出てこない。きっとまだまだ正常とはいえない状態だったのだろう。

だから「たぶんこれは怪我が原因だろう」と考えて、目の前のやるべきことを少しずつやり、なるべくちゃんと食べて、寝ることだけを意識していた。

きっとそんな姿を大吉と福助は観察していたのだろう。

「見た目と匂いは同じだけど、お前、本物か?」という目で見ていたのかもしれない。それでも朝夕の散歩にはちゃんと行っていたし、暇さえあれば撫でるようにしていた。

そのうち、少しずつだが心が安定してきて、以前のように笑ったり、大福をおちょくったりできるようになっていった。

するとある日、大吉がオモチャをくわえて持ってきて「これ、引っ張れる?」と目で訴えてきた。すぐさま「馬鹿にすんなよ、お前」と引っ張り合いに応じてやった。

それが退院から二週間ほど経った頃だった。

それでようやく私が以前と変わらないと分かったのか、目の前で大福がバトルを繰り広げるようになり、賑やかな日常に戻った。

そしてなぜか、その頃からまた福助の「ウンチしそうでしない病」が再発するようになり、二度目の散歩に行く日が多くなった。そこは復活してくれなくていいのに。

驚異の回復力の謎

最近会う人に、よく驚かれる。頭を怪我して入院していた私が、まさか三カ月でここまで回復するとは思わなかったと言われる。病院に搬送された直後に妻から連絡を受けた人たちは、覚悟したらしい。詳しく知らなくても「頭蓋骨骨折」、「脳挫傷」、「外傷性くも膜下出血」、「急性硬膜外血腫」、「急性硬膜下血腫」なんて羅列されたらアウトだろう、と自分でも思う。

入院中見舞いに来てくれた人たちは、私の様子と話し方が少し変だと感じたそうだ。それでも話せる状態になっただけでも良かったと。そんな状態だから、何かしら後遺症は残るだろうし、退院は早くても半年後、以前と同様に暮らせるようになるには何年もかかるだろうと思っていたらしい。

実際、退院してからも月に一度はＣＴ検診があり、朝夕はてんかん予防の薬を飲むようにと言われていた。頭を手術したのだから仕方ない。この先ずっと薬を飲みながら、定期的に検査を受けなくてはならないのだろうと思っていた。

ところが五月の検診の後、医師からもう薬は飲まなくていいと言われ、六月の検診ではもう来月から来なくていいと言われた。

だから友人たちに会うと「信じられない。普通に歩いて、普通に話してる！」とびっくりされる。病院に勤める人からは「それで後遺症も一切ないの？　そんなの奇跡だよ」としみじみ言われたから、稀なケースなのは間違いないようだ。中には「どれだけ生命力強いの？」と冗談半分で笑われることもある。

自慢ではないが、生命力が強いなんて思ったことはない。健康的でもないし、筋力もないし、スポーツにもまったく興味がない。体を動かしていい汗をかく、なんてこととは無縁に生きてきた。若い頃から毎晩晩酌しているし、夜ビールを飲むために働いているといっても過言ではない。泥酔していたわけではないが、階段から落ちたときに酒を飲んでいたのは事実だ。

唯一健康的といえるのは、朝と夕方、雨でも風でも毎日欠かさず大吉と福助と散歩に行くことくらいだ。

入院中に「頑張って早く良くなろう」と思ったわけでもない。自分がおかしいという自覚もなかったし、覚えているのは夢でタタミイワシを売り歩いていたことくらいだ。退院してからリハビリをしたわけでもない。だから正直、なぜ助かったのか、なぜ驚かれるほど回復しているのか、こうして文章を書けるようになったのか、自分でも分からない。

そんな話をすると、決まって「きっと誰かに助けられたんだよ」と言われる。亡くなった家族や親しい友人から「まだこっちに来るな」と押し返されたんじゃないかと。そういうときは「俺、その手の話は信じないからね」と笑って返している。

けれど心の奥では、唯一心当たりのある相手に「俺はいつでもお前のそばに行ってもいいと思ってたんだけどな」という気持ちになったりする。

しかし大吉と福助を置いて先に逝かずに済んだのだから、感謝はしている。けれどそんなことがあるのだろうか。不思議に思うが、答えは分からないままだ。

久しぶりの山の家で

ゴールデンウィークになり、久しぶりに山の家に行くことになった。退院してから初めてだ。前回行ったのが二月上旬だったから、三カ月近く空いたことになる。ずいぶん体力も戻っていたし、大福も行きたかろうと思ったのだ。しかし怪我したことで、できなくなったことがある。車の運転だ。

後遺症もないからやろうと思えばできるはずだ。けれど脳の手術をした場合、運転中に意識を失う可能性がゼロではないから、二年間は車の運転を控えるようにと医師に言われていた。入院中も退院後も意識を失ったことは一度もないが、事故でも起こして人をはねるのは嫌だから自粛していた。

それが何と不便なことか。日々の買い物から頻繁に車に乗っていたのに、徒歩圏内か電車移動になる。それは自分のせいなので耐えるしかないが、問題は山の家をどうするかだった。

幸い妻は免許を持っている。ただし日常的に運転していたわけではないから、慣れてい

車の中でも、
山の家が近づいて来ると分かるらしい。
顔つきが変わってくる。

ない。いわゆるペーパードライバーよりちょっとは運転できるくらいだ。だから任せるのが怖く以前は常に私が運転していた。でもこうなったら仕方ない。妻に山の家までの運転をお願いすることにした。妻にとっても鎌倉から八ヶ岳の運転は大変だろう。そこで私が助手席から周囲に注意するようにして、何とか山の家に向かうことにした。

慣れない高速道路に妻も緊張していたが、無事に小淵沢インターを降りた。道の先にそびえる八ヶ岳連峰を見たとき、戻ってきたと思った。大吉と福助も目を輝かせて景色を見ていた。

山の家に到着すると、彼らは階段を駆け登っていく。やっぱり山の家が好きなんだな。ドッグランに入ると、ふたりとも口角が上がって笑っているように見える。

そんな顔が見たくて去年ちょっと無理して手に入れたので、また来られるようになって良かった。

それにしても数カ月来ないと、テラスが落ち葉だらけになっていたり、苦労して草刈りしたのにまたあちこちで雑草の芽が出ていたり、荒れ放題だった。仕方ない。まずは掃除から始めるか。それが終われば草刈りもしないと。

その前に、まずは大福をドッグランで好きなだけ遊ばせよう。相変わらず山は静かで、空がやたら青い。ときおりキツツキが木をつつく音がどこからか聞こえてくる。その横では大吉と福助が追いかけっこをしている。そして決まって福助が大吉に転ばされて、土まみれになっている。

ボールを投げると、大吉が飛んで行く。福助が後から追いかけ、大吉が拾ったボールを横取りしようとする。そうしてバトルが始まる。するとまた福助が転ばされ、どんどんドロドロになっていく。あ〜あ、そんなに汚れたら部屋に入るときに拭くのが大変になるんだけど、まぁいいか。

彼らが満足して昼寝し始めたら、掃除と草刈りをしなくては。

一番好きな、落ち着く時間

人にはそれぞれ「好きな時間」というものがあると思う。

仲のよい友達と馬鹿話をしているとき、好きなお店で飲んでいるとき、体を動かして汗をかいているとき、本を読んでいるとき、家族で食卓を囲んでいるとき、やり甲斐のある仕事に打ち込んでいるときなど。

自分はどうだろうと考えると、家でまったり飲んでいるときかもしれない。もっと言えば山の家で、大吉と福助が寝転んでいる隣でゆっくり飲みながら、ゆるゆる流れている時間が一番好きだ。なんだかとても落ち着くのだ。

三〇代の頃はよく飲みに行ったが、最近はほとんどなくなった。大福に留守番させていると思うと、落ち着いて飲めなくなったからだ。たまには外食することもあるが、近所でさっと食べてわりとすぐに帰る。

普段、腰越にいるときはだいたいひとりで飲んでいる。妻が仕事で遅くなっても、自分でアテを作って晩酌している。その隣には、いつも大吉と福助がいる。

さらに山の家を手に入れてからは、次に行く日を心待ちにするようになった。とはいっても山の家には特に何もない。風呂は壊れて使えないし、トイレも今どき珍しい汲取式だし、雨漏りもひどい。スーパーやコンビニも車で二〇分かかるから不便だ。さらにせっかく作ったドッグランにはすぐ雑草が生えてくるから、春から秋にかけてはしょっちゅう草刈りしないといけない。しかしそれらはまったく苦にならない。むしろ、草刈りはちょっと好きになったかもしれない。それほど山の家が好きだ。

その根底には、大吉と福助の喜ぶ顔が見たいという思いがあるのだろう。

彼らは山の家に向かっているときからウキウキした顔をしているし、到着したら嬉しそうにドッグランを走り回る。車で買い出しに行くのも一緒で、夕食はだいたいテラスで炭火焼鳥をする。大福にも鶏肉を焼いてやる。その後はリビングで飲み直すが、彼らは遊び疲れて夜九時頃には早々に爆睡し始める。

その横で、好きな音楽をかけながら、好きな酒を飲んでいるときに、すごく満ち足りた気分になるのだ。気がつけばそんな時間が何よりも好きで、落ち着くようになっている。

しかし考えてみればおかしなものだ。別に彼らは何かをしてくれるわけではなく、ただ遊んで疲れて寝ているだけなのに。

台風で倒れた赤松、まさにギリギリセーフ。
ドッグランには強風で飛んできた枝が散乱していた。

被害を防ぐため、倒れる可能性がある木を伐採した。
同時にドッグランも拡張する。

ドッグラン拡張計画

二〇一九年六月、伐採業者から作業が完了したと連絡があった。

実は前年の台風で、山の家の敷地の赤松が二本倒れていたのだ。一本は途中で折れて屋根に寄りかかり、もう一本は裏手に生えていた木が根本からなぎ倒されていた。幸い家屋への直撃は免れたが、屋根の修理代もかかったし、裏で倒れたのがあと一メートルそれていたら危なかった。

撤去作業のときに聞いたが、このあたりは岩盤なので、あまり深く根を張れないらしい。さらに植林から月日が経っていることもあり、敷地内にはまだ倒れる可能性のある赤松が何本もあるとのことだった。実際に二本倒れたし、今後周囲の家に直撃したら大変だから悩んだあげく、敷地内の危険な赤松をすべて伐採してもらうよう頼んでおいたのだ。

次の週末、山の家に行ってみると、周囲がずいぶんさっぱりしていた。以前の鬱蒼とした感じが好きだったが、仕方ないか。

そこで、新たに開けた土地をそのままにするのはもったいないと、ドッグランを拡張することにした。それを見越して、業者さんには伐採した枝などをウッドチップにして積み上げておいてくださいと頼んでおいたのだ。

といっても拡張するのは簡単ではない。以前に開拓してある部分はいいが、それ以外は手つかずの雑草が生い茂ったままである。そこはまた最初からやらないといけない。

まず草刈機で雑草を取り除き、地面をならしていかねばならない。文章にすればたったこれだけなのだが、実際にやるとかなり大変だ。

また週末の度に山の家に通い、少しずつ作業を進めることにした。

草刈りが終わったところには、ウッドチップの山からスコップで運んで撒いていく。これが結構重労働で腰が痛くなるから一輪車を買った。それでもやはり疲れる。

結局、それだけで数週間かかってしまった。

次は追加で注文したアニマルフェンスで周囲を囲っていく。結果的に、二カ月くらいかかったが以前の倍の広さのドッグランになった。

大吉と福助を呼ぶと、ニコニコした顔で走り出す。どうだ、広くなっただろ。

前は土だったからすぐに足がドロドロになっていたが、一面にウッドチップを敷いたから、汚れにくくなった。素晴らしいドッグランが完成した。

と思ったら、終わりではなかった。

何度も草刈りしていたところは次第に生えて来なくなっていたが、新たに拡張した部分の雑草はあっという間に成長するのだ。二週間もしたら、草刈りしたところからむくむく伸びている。

多くはクマザサなのだが、中には触るとかぶれるヤマウルシや、トゲだらけの雑草もちらほら生えている。根っこから抜いたはずなのに、次に行くとなぜか復活している。根が残っていたのだろうか。ウッドチップも撒いたのに生命力が強すぎる。

そのため、山の家に行く度に草刈りしなくてはならない。飛散防護の帽子をかぶり、長袖のツナギを着るようにしているのだが、これがものすごく暑い。一時間も作業すると、大袈裟ではなく、パンツまで汗でびしょびしょになる。

草刈りが終われば、大福を外に出し、彼らが走り回る横で、落ちている枝や刈ったトゲのある草をせっせと拾い集めている。

ドッグランが広くなって良かったが、仕事が増えている気がする。

七年半を超えた大吉

この夏、大吉は八歳になった。七歳半という短命で突然いなくなった富士丸を超えたことになる。これは本当に喜ばしいことだ。帰宅したら夕方まで元気だった富士丸が亡くなっていたあの日のことは今でもはっきり覚えている。今日元気だからといって明日もそうだとは限らない。身をもって経験してしまったことで、今でも出かけるときは心のどこかに不安がある。そんな心配をよそに八歳を迎えてくれて良かった。

一緒にいる時間も、富士丸を上回ったことになる。その分、大吉の存在感が大きくなり、富士丸が小さくなったかというとそんなことはない。あいつは心の奥底にどんと居る。それは富士丸が優れていたとか愛情の深さの違いではなく、大人になって初めて自分で責任を持って飼った犬だったこと、破壊活動に思い悩んだこと、怒ったこと、反省したこと、狭い1DKで肩を寄せ合うように苦労したことが大きいのではないかと思う。たぶん、先代犬を見送った人は似たような感覚ではないだろうか。

そういえば最近、二〇年来の友人がわが家に遊びに来たときに大吉を見て、「なんか、富士丸に似てきたよね」と言った。その友人は富士丸に何度も会っていたし、大吉のことも迎えた当初から知っている。

友人が突然そんなことを言うから「どこが似てる?」と聞いてみたが、うまく言えないが距離感とか空気感だという。最初は大歓迎するが、必要以上にベタベタすることもなく、食べ物にも興味なく、どことなく冷めた目をするときがあるところだそうだ。

たしかに富士丸もそんな奴だった。デビルマン顔の大型犬と雑種の中型犬なので、見た目は全然似ていないが、大吉の視線が富士丸に似ていると感じることはたまにあった。ただそれは気のせいかと思っていたが、友人も似ているというので驚いた。

一緒に暮らしていると、犬は飼い主に似てくるというが、私が原因なのか。それは違うと思う。それなら福助も似ていないといけないはずだが、福助が富士丸に似ているなんて思ったことはない。

いずれにしても、大吉は八歳になった。もうひとつ喜ばしいのは彼が年齢の割にまだまだよく走り、よく遊ぶことだ。八歳といえばシニア犬なのに、体力の衰えはほとんど見られない。それは福助のおかげかもしれない。

大吉がソファーで寝ていても、相手の態度をまったく気にしない福助は、自分が遊びたいときはちょっかいを出しまくる。いくら大吉が「今はそんな気分じゃないから」という顔をしてもおかまいなしに。そのうち大吉が「ええ加減にせいよお前!」とスイッチが入ってバトルになる。もしくは、諦めた福助はひとりでオモチャ遊びをはじめる。しばらくすると、大吉が「さっきから何やってんの、お前」と様子を見に行ったりする。結局、オモチャの引っ張り合いになったりする。

きっと大吉ひとりだったら、もっとテンションの低い奴になっていただろう。五歳にしては能天気すぎる福助がいることで、なんだかんだと付き合ってあげているように見えるが、おかげで大吉は今もアグレッシブなのではないかと思う。

年齢では富士丸を超えたから、これから先は未知の領域になるが、福助を迎えて良かったと思う。彼は彼なりに、大吉を慕って感謝しているのかもしれない。

だからしょっちゅう遊びに誘い、体を使うように仕向けているのかもしれない。兄思いの優しい弟だ。たぶん、ただ単に自分が遊びたいからだと思うが。

この一〇年の変化

仕事で付き合いのある人たちが集まる飲み会に参加したときだった。たまたま席が隣になった、どこか品のある白髪の男性と犬の話になった。「うちには二頭いるんですよ」と言うと「うちはこの子」とスマートフォンの写真を見せてくれた。そこには大きな可愛らしい目をしたトイプードルが写っていた。三歳のオスだそうだ。

何となく「その子が、初めての犬ですか?」と聞いてみた。すると二代目だという。実は昔、知人からもらい受けたポメラニアンと長年暮らしていたが、その子が年老いて亡くなったとき、あまりに悲しすぎたから、もう犬は飼わないと決めていた。だからしばらく犬がいない暮らしだったが、三年前に知人の家で生まれた仔犬を引き取ってくれないかと頼まれて、悩んだあげく迎えることにしたそうだ。「本当にすごく悩んだんだけど、犬がいる生活はやっぱりいいね」と笑っていた。すごく分かる。

長年一緒に暮らした犬がいなくなったときのあの辛さは、経験した人にしか分からない。いつかいなくなることは頭では分かっているはずなのに、現実になると受け止められない。

経験したことのない底のない悲しみに、ただただ戸惑う。それを人に分かってほしいとも思わないから、ひとり黙って涙の出ない泣く日々を過ごす。

あれだけ毎日抜け毛掃除しても、すぐ抜け毛だらけになっていたのに、いなくなると掃除しなくてよくなる。それがとてつもなく寂しく感じる。そして、たまに家具の裏に毛が落ちているのを見つけて、胸が苦しくなる。

その人はこうも言っていた。「三カ月くらいしたら、仲のいい友人から元気出せよと言われたりするんだけどさ、そんなにすぐ元気になれるわけなくてね」。それもすごく分かる。

私も同じような経験をしたことがあると話し、すっかり意気投合してしまった。

ふたりとも、ときの流れで悲しみの質は変わるし薄れるが、いつまでも先代犬のことは忘れないという意見は同じだった。なぜかまた犬と暮らしていることも。

思えば、富士丸がいなくなって一〇年が経つ。

帰宅して、息をしていない富士丸を見たあの日から、一週間は絶望の淵で連続飲酒していた。何も食べず、起きているのか寝ているのかも分からず、ひたすら酒を飲んで倒れていた。

その後もまた犬と暮らすつもりはなく、ただぼうっと暮らしていた。

二年ほど過ぎた頃、大吉を迎えた。そして、犬がいる生活はやっぱりいいと思った。

今では抜け毛掃除もありがたく感じる。いくらでも撒き散らしてくれと思う。

よく考えれば、この一〇年で自分を取り巻く環境は驚くほど変わった。あの頃は渋谷区初台の１ＤＫに暮らしていたが、今は結婚して鎌倉市の腰越に住んでいる。大吉に加えて、福助という能天気な奴も増えている。

あの頃は生きる気力などなく、まさか自分が一〇年後にこうなっていることなど、まったく想像できなかったのに。想像する力もないほどどん底にいた。

だからもし、悲しくて何もやる気が起こらないという人がいたら、数年後の自分は元気に暮らしている可能性があることも知っていてほしい。気休めではなく、ここにその本人がいるから。本気で落ち込むと、そんな気分にはなれないことも知っているけれど。

あのときの約束

ある日、仕事部屋を片付けていると、本棚であるタイトルが目についた。『約束　最愛の犬たちへ（文藝春秋）』という見覚えのある本だった。そこには馳星周さんや唯川恵さんなど犬好きの著名人が綴った、愛犬への約束にまつわるエッセイが収められており、光栄なことに私にも依頼があって寄稿したことを思い出した。二〇〇八年に出版された本だから、自分が何を書いたのかは覚えていない。そこで「どんなことを書いたっけ」と手にとって読み返してみたら、富士丸に「元気に走れるうちに、山でのんびり暮らそうな」と約束していた。たしかにあの頃は本気でそう思っていた。

それから、あるハウスメーカーと『山の麓で犬と暮らしたい』という企画が立ち上がり、土地探しが始まったのだ。そしてようやく土地が見つかり、明日契約をするという前日の夜に富士丸がこの世を去り、企画はストップした。

そのことで、ある発見があった。

山の家の近くにある犬ＯＫのレストランにランチを食べに行くことになった日だった。

それまでは草刈りやペンキ塗りが忙しく、出かけるのもホームセンターやスーパーくらい。それがようやく落ち着いたから、どこかでゆっくり食べようと妻がネットで調べて見つけたのだ。それでカーナビに従ってエコーラインという道を北西に向かって走っているときだった。

いつもと方向は逆だから、初めて通る道だと思っていた。けれど、何か妙な感じがする。どこかで見たことのある風景のような気がしたのだ。錯覚かと思っていたが、ある橋を渡ったところで確信に変わった。たしかに以前、この道を通ったことがある。それはいつだったか。

思い出した。あの企画の土地探しで訪れたときに通ったことのある道だった。契約する予定だった土地の記憶も蘇った。この先にある蓼科の別荘地だった。

蓼科という地名はもちろん覚えていたが、土地勘がないから、もっと離れたところだと思い込み、探そうともしなかった。

山の家があるのは原村で、いつも小淵沢インターで高速を降りて、その先には行く用事がなかったから気がつかなかったのだろう。それがなんと、山の家から車で一五分ほどの距離だった。

同時に、富士丸と下見に来たときに立ち寄った蕎麦屋のことも思い出した。鴨せいろがやたら美味くて、何度か通ったことがある。

おぼろげな思い出を頼りに周辺を探してみたが、見つけられなかった。どこかで脇道に入ったひっそりとしたところにあったことと、蕎麦屋なのに洋風な外観だったことは覚えているが、店の名前は思い出せない。それに一〇年以上前のことだから、やっているのかどうかも分からない。仕方なくこの日は諦めた。

しかし気になるから、インターネットで八ヶ岳の蕎麦屋を片っ端から調べてみたら、あった。外観に見覚えがあるから間違いない。「香草庵《こうそうあん》」という店で、まだ営業していた。

次に山の家に行ったときに大吉と福助を連れて向かったが、なんとそこも車で一〇分からないところだった。こんなに近くだったのか。外観も当時と変わらない佇まいだった。ただひとつ変わっていたのは、母屋の隣にサンルームのようなテラス席が増設されており、そこは犬ＯＫになっていたことだ。

昔は「悪いけど、ちょっと待ってて」と富士丸を外に繋いで急いで食べていたが、今は大福と一緒に店に入れる。

鴨せいろを頼んでみたが、記憶は正しかった。温かい鴨の出汁の香りと味、自家製の蕎麦が絶妙に美味しい。初めて食べた妻も大絶賛だった。食べたことのある蕎麦屋の中で一番だという。

蕎麦を食べていると、ふいに香草庵の前で富士丸に向かってシャッターを切った場面が蘇った。何も考えずに何となく撮っただけだが、どんな写真かも覚えている。緑の中にちょこんと座る、ニコッとしたあいつの顔と淡い水色の目。

またここで、蕎麦を食べることになるとは。今度は大吉と福助と一緒に。

それからは、山の家に行く度に香草庵に寄るようになった。

四五歳のとき「たまには山の麓で犬たちと暮らしたい」という目標を立てた。そして大福を連れてキャンピングカーショーを見に行った。そこで山に土地だけでも手に入れたいと思い、物件の下見に行くようになり、あれよあれよという間に山の家を手に入れることになった。草刈りを頑張ってドッグランも作った。

今では月に一度は山の家に行くようになっている。

大吉と福助もそれを楽しみにしている。支度しているときから大吉は「もしかして、山？」という顔をする。だいたい金曜の夜に腰越を出発し、山の家に着くのは日付が変わってしまうことがあるが、普段なら寝ている彼らが珍しくしばらく起きている。睡眠時間は少ないはずだが、翌朝起きるとフル充電されていて、朝からドッグランで追いかけっこをしている。山には犬を元気にするパワーか何かがあるんだろうか。動きまで若返る気がする。

そういえば、富士丸も山に遊びに行くと若返っていた。いつもとは明らかに違う表情で目を輝かせ、飽きることなく走り回っていた。走っているとき、あいつは必ず「ちゃんと見てくれてる？」という顔をしていたっけ。

よく考えれば、ずっと前から望んでいたことだった。

富士丸と戸隠で夜空を見上げたときに思ったのだ。いつか、山で暮らそうと。

昼間に思い切り遊んだ夜は早々に寝てしまう大吉と福助を横目に、テラスに出てぼんやりと空を見上げてみる。静まり返った暗い村営林の上には、都会とは比べものにならない星空が広がっていた。

あいつがいなくなって一〇年が経った。様々なことがあり、結構遠くまで来たような気がしていたが、実は同じところにいただけなのかもしれない。

山の家で夜空を見上げながら思う。

これで、約束を果たしたことにしてくれないかな。

あとがき

この本を作るにあたり改めて振り返ってみて、前作を出した二〇一六年春から三年の間に色々なことがあったなと思う。あの頃は山の家なんて夢のまた夢だったのに、今では毎月、山の家に行くようになっている。それは自分でも驚くことで、数年後にこうなっていることなんて、まったく想像していなかった。

目標は立ててみるものだ。けれど、大吉と福助がいたからだ。彼らがいなければ、山の家を手に入れたいなんて思わなかっただろう。そして富士丸と暮らしていなければ、大福を迎えることもなかっただろう。恐らく多くの飼い主にとって、犬というのはそれくらい大きな存在なんだと思う。

さて、次は何を目指そう。できれば山の家を建て替えたい。なにせ隙間風と雨漏りがすごいから。数年後、続編が出るとしたら、建て替え報告ができるといいな。それは私の願いで、大福はきっと今のままでも十分なのだろう。ただ単に山の家が好きで、そこで遊んでいるときは嬉しいと顔に書いてある。でも雨漏りは困るから頑張って働こう。

そして、この本が出る頃には大怪我から二年が経つことになる。よく後遺症も一切なく、こうして文章が書けるまで復活できたと思う。ちなみにあの怪我で、あることが発覚した。これまで自分はA型で、だから几帳面で協調性があると思って生きてきた。しかし手術で輸血をするときに検査したら、B型だったのである。子どもの頃にA型だと言われて信じ込んでいたのに、この歳になって違うと知るとは。それがちょっとショックで友人たちに話すと、誰ひとりとして驚いてくれなかったのがさらにショックだった。

それはさておき、その節は連載やブログを読んでくださっている方にご心配をおかけして、本当に申し訳ありませんでした。以前に比べたら量は減りましたが、また晩酌できるようになっているのでご安心ください。

最後に、この本を出すことに動いてくださった販売部の高橋友彦さん、的確な指示をしてくださった編集の鈴木太郎さん、ウェブ連載でお世話になった松井大和さん、大沢恭子さん、廣原理哉さん、アドバイスしてくださった野々山義高さん、素敵な装丁をしてくださった冨安修一さんに感謝します。そして本書を手にとってくださった皆さま、本当にありがとうございました。色々あると思いますが、どうかお元気で。くれぐれも階段から落ちたりしないようにね。

二〇二〇年一月一一日　　穴澤　賢

穴澤　賢（あなざわ まさる）

1971年大阪生まれ。

2005年にはじめた愛犬との日常をつづったブログ「富士丸な日々」が話題となり、その後エッセイやコラムを執筆するようになる。

著書に『ひとりと一匹』（小学館文庫）、CDブック『Another Side Of Music』（ワーナーミュージック・ジャパン）、愛犬の死から1年後の心境を語った『またね、富士丸。』（世界文化社）、その他、実話をもとにした猫の絵本『明日もいっしょにおきようね』（草思社）などがある。

BLOG「Another Days」
https://anazawamasaru.com/

装丁/
デザイン　冨安修一（SANKOFA）
写真　穴澤 賢　武蔵俊介
工藤雄司（シンフォレスト）
イラスト　竹脇麻衣
DTP　株式会社明昌堂
校正　株式会社円水社
編集　鈴木太郎

この本の内容は『いぬのきもちWEB MAGAZINE』（ベネッセコーポレーション）で連載中の『穴澤 賢の犬のはなし』にアップされたコンテンツに補筆、修正を加えたものです。
https://pet.benesse.ne.jp/r/8

犬の笑顔が見たいから
発行日　2020年3月5日　初版第1刷発行

著者　穴澤 賢
発行者　竹間 勉
発行　株式会社世界文化社
〒102-8187
東京都千代田区九段北4-2-29
☎ 03-3262-5118（編集部）
☎ 03-3262-5115（販売部）

印刷・製本 中央精版印刷株式会社

ISBN 978-4-418-20501-1